JN017439

データ分析入門

Excelで学ぶ統計

岩城秀樹 著

共立出版

まえがき

　文科省が策定した AI 戦略 2019 では，すべての大学・高専生（約 50 万人／年）が初級レベル，すなわち，リテラシーレベルの数理・データサイエンス・AI（人工知能）を習得することを求めている．このことを背景に，本書は，上記分野の土台となる統計手法を確実に習得することを目指している．

　類書と比した特色は以下の点にある．第一に Microsoft Excel[1] の操作法とそれを用いた問いの解答例を詳述し，読者が Excel を操作しながらデータ分析のための統計手法を一通り完全独習できるよう配慮している点である．第二に，他の多くの入門書が統計学の結果や推定・検定の方法のみ記述しているのと異なり，「なぜ，そのような結果が得られるのか」，そして，「なぜ，そのような統計手法が用いられるのか」についても多数のグラフとイラストを用いて丁寧に記述し，読者の真の理解を促している点である．

　著者は，過去 11 年間，中堅私学文系学部で，「データ分析」，「経営統計」の講義を担当していたが，本書は，そこでの講義ノートをもとに書かれたものである．そこでの講義で感じたことは，「データ分析」や「統計」の講義では，数式を使うと，「データ分析」あるいは「統計」＝ 数学であり，文系の学生の理解を超えるものと判断され，学生の思考が止まってしまうということであった．そこで，ある年から，Excel を使って実データを操作しながら，何をやっているのかを説明するという講義スタイルに変更した．先に，数式を見せると思考停止してしまうと書いたが，現代の学生は，日頃スマホを操作し，スマホのゲームをすることに慣れ親しんでいるためか，PC 上で Excel を使ってデータを入力して，その数値に演算を加えていくことには，抵抗がないように見受けられた．また，Excel を使う利点は，セルに入れたデータを

---

[1] 以下，本書では Excel と書く．

目で追いながら一つひとつに演算を施していくことができる点にある．たし
かに，大量のデータを扱うには，Python や R などのプログラミング言語を
使ってスクリプトを書くのがよいのであるが，個々のデータに対する一つひ
とつの処理を目で追うことが難しく，処理がブラック・ボックス化してしま
い，初学者が「なぜこのような結果になるのか」を理解するのは難しいよう
に思われる．そこで，数式に抵抗のある初学者に対しては Excel などの表計
算ソフトを使いながら一つひとつのプロセスを手と目で追いながら学習して
いく方法がベストであると確信するに至った．したがって，冒頭に述べたリ
テラシーレベルの数理・データサイエンス・AI の習得には，本書のようなか
たちで Excel などの表計算ソフトを活用することが最良であると思われる．

　ただし，ここで問題になるのは，たしかに，Excel へのデータや演算式の
入力はよいのであるが，入力した内容を一般化するとどういうことなのかを
理解しないまま，放置してしまうことである．

　たとえば，データの平均をとるということを例に挙げると，

$$(1,2,3) \text{ の平均} = \frac{1+2+3}{3}$$

は，理解できるのであるが，黒板に，いきなり，

$$\text{データ } (x_1, x_2, \cdots, x_n) \text{ の平均} = \frac{x_1 + x_2 + \cdots + x_n}{n}$$

と書くとダメで，後者の平均が前者の平均と結びつかないのである．

　しかしながら，

$$\text{平均} = \frac{\text{データ値の合計}}{\text{データ数}} = \frac{x_1 + x_2 + \cdots + x_n}{n}.$$

　例として，

$$(1,2,3) \text{ の平均} = \frac{1+2+3}{3}$$

と書くと，理解が進むように思われた．要は，できるだけ言葉で表現したあと
で，演算式を見せ，具体例を示すことが重要なのである．そこで，本書は，基
本的にこのスタイルで記述を行うことにした [2]．また，将来，実際にデータ

---
[2] 本書では，総和を表す記号 Σ を一切使用していない．多くの文系学習者がこの記号に
抵抗を感じるからである．

分析を行うための動機づけとして，本書の例では，ごく一部を除いてインターネットを通じて容易に入手できる実データを使用した．本書の学習内容を実際にどのように使うのかを肌で感じていただきたいという思いからである．

　著者は，データ分析や統計の学習をステップ・アップしていくうえでの壁が，大きく2つあると考えている．1つ目は，記述統計から推測統計に移るところであり，2つ目は，推定や検定で，正規分布から派生した確率分布（χ^2分布，t分布，F分布）を用いるところである．

　1つ目のところで，具体例を挙げると，

$$確率変数\ X = \begin{cases} 実現値 = 1 & 確率 = \dfrac{2}{3} \\[2mm] 実現値 = 2 & 確率 = \dfrac{1}{3} \end{cases}$$

としたとき，X の期待値（平均）を求めさせると，少なからず，$\dfrac{1+2}{2} = 1.5$ という答えが出てくる．要は，データの平均と確率変数の期待値（平均）の区別ができていないのである．本書では，平均との対比で，なぜ，確率変数の期待値を（実現値×実現値生起確率）の合計とするのか，といった説明を加えることで，記述統計から推測統計への移行がスムーズに行えるように配慮した．また，連続型確率分布の学習でも，たとえば，[0,1] 上の連続一様分布を説明する際に，区間 [0,1] を n 分割した離散一様分布において，分割数 n を増やすとどうなるかということをグラフを用いながらビジュアルに訴えて説明するようにした．さらに，連続型確率分布の確率計算には，積分が必要になるのであるが，積分という言葉は使わずに面積という言葉を使っている．

　2つ目については，国内最難関大学の一つといわれる某国立大学のビジネススクールで，「コンピュテーショナル・ファイナンス」という授業を担当していたときの実話を例として取り上げたい．毎年，初回の講義の際に，「標準正規分布に従う乱数を 10 個発生させて，信頼水準 95% で母平均の推定をしなさい」という課題を課していたのだが，その答えに，標準正規分布の左右 2.5% 点を使って信頼区間を出してくるものが少なからずいた．もっとも，母分散のところに不偏分散を使っていたのは，まだ，ましであったが，要は，連続型の確率分布はすべて正規分布になると思い込んでいるのか，t 分布を学習しても，うろ覚えで忘却してしまったのかのいずれかと思われる．本書で

は，付録の冒頭 (A.1) に，正規分布から派生する確率分布の関係を 1 ページにまとめたものをつけている．推定や検定を行う際には，常に参照していただければありがたい．また，本文では，正規分布から派生する確率分布について，数式で確率密度の定義を与えるのではなく，どのようにしてそれらの確率分布が正規分布から派生して出現するのかについて詳しく説明した．さらに，些細なことであるが，学習順として，

$$正規分布 \Rightarrow \chi^2 分布 （= 標準正規分布の二乗和）$$
$$\Rightarrow t 分布 \left(= \frac{標準正規分布}{（\chi^2分布の平方根）} \right)$$
$$\Rightarrow F 分布 \left(= \frac{\chi^2分布}{\chi^2分布} \right)$$

とした．通常は，χ^2 分布より先に t 分布を学習することが多いが，上記のほうが，分布の派生順として自然と思われるからである．

　本書を大学での教科書として使う場合，15 回 +15 回の講義を想定している．その場合，記述統計を扱う第 3 章までを前半の 15 回で行い，後半の 15 回では，確率（第 4 章），推定（第 5 章）と検定（第 6 章）とするのが標準的と思われる．推定と検定の理解には，確率の知識が必要不可欠なのであるが，後半部分は前半より内容が濃いため，15 回ですべてをやろうとすると消化不良となってしまう．その場合，確率の部分はざっと流して，推定と検定をやり，必要に応じて，確率の部分を参照するか，じっくり確率からやって，いけるところまでで終了するということになるかと思われる．

　また，初学者には難しいと思われる点は，アスタリスクの印 (*) を付け，スキップしても，一通りの内容を理解できるように配慮している．なお，本文中の Excel を使った問いの解答例は，https://github.com/Hideki-Iwaki/IntroductiontoDataAnalysis/tree/main/Sol からダウンロードできるようになっている．

　冒頭に述べたように情報技術 IT の飛躍的な発展に伴い，数理・データサイエンス・AI の知識獲得は，社会を生きていくうえで必要不可欠なものになりつつあるといえる．これらの知識獲得に向けて，本書が一助を担うことができれば，著者として望外のよろこびである．

　本書の執筆にあたり，関西大学教授の吉川大介氏には，草稿の段階から，

隅々まで目を通していただき，原稿改訂に向けてのコメントをいただいた．また，本書以前から著書出版について常々お世話になってきた共立出版の石井徹也氏，本書企画から出版まで，絶えずサポートしていただいた同社の影山綾乃氏には，この場を借りて感謝の意を記したい．

2023 年 1 月

岩城秀樹

目　次

第 6 章　仮説検定　139

付録 A　173

Excel 操作法目次

公式目次

定義目次

定理目次

例目次

第1章　Excelの基本操作

　本章では，Excel 初心者のために Excel の起動からデータや計算式の入力，ファイル保存といった Excel の基本操作について説明する．

1.1　Excel の起動

　Windows を起動したあと，画面左下のスタートボタン ▦ をクリックし，メニューの中から Excel ▦ Excel を選択して Excel を起動する．すると図 1.1 のようなファイル選択画面が表示される．

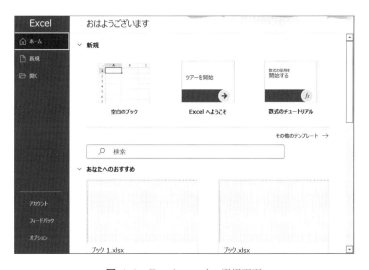

図 1.1　Excel ファイル選択画面

　新規にファイルを作成する場合には，［空白のブック］をクリックする．すると図 1.2 の画面に切り替わる．

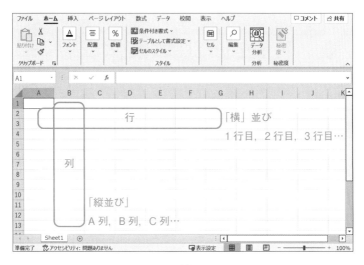

図 **1.2**   Excel 新規ワークシート

　このマス目状の画面を**ワークシート**とよび，この一つひとつのマスを**セル**とよぶ．セルにデータや式，文字を入力して処理していく．左端の縦に書かれた数字は横方向 1 行のセルを指し，上端のアルファベット[1] は縦方向 1 列のセルを指している．各セルはアルファベットと数字で識別される．たとえば，一番左上のセル，A 列 1 行目のセルは，A 列の上にある**名前ボックス** にあるようにセル A1 とよばれる．

1.2　Excel の入力

　ワークシート上でマウスを動かして適当なセルをクリックすると緑の枠付きでセルが選択されて入力可能となる．たとえば，セル C1 に数字 1 を入力するには，セル C1 を選択したあとに，キーボードから 1 を入力して，[Enter]

---

[1] Excel のバージョンによっては，アルファベットではなく，数字である場合がある．
　この場合，適宜，A は 1，B は 2 というように読み替えてほしい．

キーを押せばよい.

Excel 操作法 1.1（連番入力）

　1, 2, 3, · · · あるいは, 100, 200, 300, · · · というような連番の数字を入力するには, 最初の 2 つの連番数字を隣り合う 2 つのセルに入力したあと, [Shift]キーを押しながら, 最初の 2 つの連番数字を入力した 2 つのセルをドラッグして選択する. そして, 次に, マウスを動かしてポインタ ⊕ を選択したセル範囲の右下角に持っていく. ポインタの形状が + に変わったら, そのまま最後の数字を入力するセルまでドラッグすれば連番数字が各セルに順番に入力される（図 1.3）.

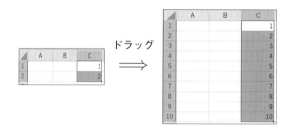

ドラッグ

図 1.3　連番入力

例 1.1（連番入力）　　Excel 操作法 1.1 を使って, セル C1 からセル C10 まで順番に数字 1, 2, · · · , 10 を入れる. 次にセル E1 からセル N1 に順番に数字 10, 20, · · · , 100 を入れてみる（図 1.4）.

	A	B	C	D	E	F	G	H	I	J	K	L	M	N
1			1		10	20	30	40	50	60	70	80	90	100
2			2											
3			3											
4			4											
5			5											
6			6											
7			7											
8			8											
9			9											
10			10											

図 1.4　連番入力の例

Excel 操作法 1.2（式の入力）

　いま，ワークシートの状態が図 1.4 のようになっているとする．ここで，セル D2 を使って $1+2=3$ の計算をするには，次のように入力する．

方法 1：セルに直接式を入力

　セル D2 に $=1+2$ と入力し $\boxed{\text{Enter}}$ キーを押す．

方法 2：セル内のデータを選択して入力

　セル D2 に $=$ を入力したあと，順番にセル C1 をクリック，$+$ を入力，セル C2 をクリックして $\boxed{\text{Enter}}$ キーを押す．このとき，数式バー（D 列の上にある入力バー）には入力式=C1+C2，セル D2 には結果 3 が表示されていることに注意してほしい（図 1.5）．

　Excel の入力では，除算（割り算），乗算（掛け算），べき乗は次の記号を用いることになっている．

演算	除算	乗算	べき乗
Excel での記号	/	*	^
入力例	2/2	2*2	2^2
入力例の演算	$2 \div 2$	2×2	2^2

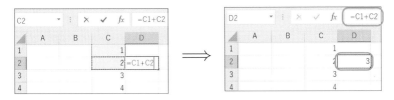

図 1.5　式の入力

　連番の数字をドラッグして入力したときと同様に，式の入っているセルをドラッグすると式をコピーできる[2]．

---

[2] 他のソフトウェアと同様に，通常の ［コピー］ と ［貼り付け］ を使ってもコピーできる．

例 1.2（式のコピー）　いま図 1.6 左の状態（セル D2 に式 =C1+C2 が入っている）にあるとして，図 1.6 右のようにセル D2 からセル D10 までドラッグしてみる.

ここで，セル D3 を選択して数式バーを確認してみると =C2+C3 となっている．同様に，セル D10 を選択して数式バーを確認してみると =C9+C10 となっている（図 1.7）.

すなわち，式をコピーすると，コピー元の式の中でのセルの相対的な位置を維持しながら，セルを移動した式がコピー先にコピーされる.

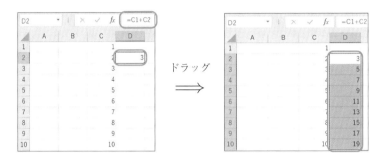

図 1.6　式のコピー

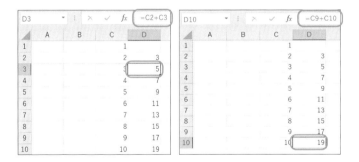

図 1.7　相対指定の式コピー

先の式のコピーでは，コピー先の式はコピー元の式との相対的な位置関係で変化していた．たとえば，セル B2 に=C2*D2 と入力して，セル B10 までドラッグしてコピーしたとすると，セル B3 は=C3*D3，セル B4 は=C4*D4，・・・，B10 は=C10*D10 となる．ここで，たとえば，セル C2 の値を固定し

てコピーしたいとする．これには，コピー元の式を=$C$2*D2 いうように，固定するセルのアルファベット（列）と数字（行）の前に$を付けたうえでコピーすればよい．

> **例 1.3（絶対指定の式コピー）**　　セル A2 に=$C$2*D2 と入力したあと，A10 までドラッグすると結果がどうなるか確かめてみる（図 1.8）．

図 **1.8**　絶対指定の式コピー

この例の$C$2 のように，アルファベットと数字の前に$を付けてセルを指定する方法をセルの**絶対指定**といい，$を付けない通常の方法をセルの**相対指定**という．なお，$C2，あるいは C$2 というように，アルファベット，すなわち，列だけ，あるいは数字，すなわち行だけを固定することもできる．

1.3　ファイルの保存と読み込み

作成したワークシートを保存するには，［ファイル］タブ ⇒［名前を付けて保存］と順番にクリックしたあと，適当なフォルダに名前を入力して保存する（図 1.9）．

Excel の終了は，他のソフトウェアと同様に右上端の終了ボタン ✕ を押せばよい．

既存の Excel ファイルの読み込みには，Excel を起動後，

図 1.9 ファイル保存

をクリックしたあと，読み込むファイルをクリックする．あるいは，ファイル・エクスプロラー  から，読み込むファイルをダブルクリックすれば，Excel が起動し，ファイルが読み込まれてワークシートが表示される．

第2章 1次元のデータ

　ここでは，データ分析の手始めとして，データを整理・要約し，その特徴を引き出す方法について説明する．

2.1 度数分布とヒストグラム

　データ分析において調査や実験のことを**観測**とよぶ．**記述統計**とは，観測対象の特徴を記述するために，観測から得られた値である**観測値**を整理・要約する方法である．

　観測対象の観測値をまとめたものを**データ**という．表2.1は，2022年1月31日〜2022年7月29日（6ヵ月間）の日経平均株価（日次終値）を順番に並べたデータである．

表 **2.1** 日経平均株価（2022年1月31日〜2022年7月29日）（単位：円）
出典：yahoo! finance (https://finance.yahoo.com)

27002	27078	27534	27241	27440	27249	27285	27580	27696	27080
26865	27460	27233	27122	26911	26450	25971	26477	26527	26845
26393	26577	25985	25221	24791	24718	25690	25163	25308	25346
25762	26653	26827	27224	28040	28110	28150	27944	28252	28027
27821	27666	27736	27788	27350	26889	26986	26822	26335	26843
27172	27093	26800	26985	27218	27553	27105	26591	26700	26387
26848	26819	27004	26319	26167	26214	25749	26428	26547	26660
26911	26403	26739	27002	26748	26678	26605	26782	27369	27280
27458	27414	27762	27916	27944	28234	28247	27824	26987	26630
26326	26431	25963	25771	26246	26150	26171	26492	26871	27049
26805	26393	25936	26154	26423	26108	26491	26517	26812	26337
26479	26643	26788	26962	27680	27803	27915	27699	27655	27716
27815	27888								

例 2.1（日経平均株価日次終値データの読み込み）   以下の手順で yahoo! finance HP (https://finance.yahoo.com) から，直近 6 ヵ月間の日経平均株価日次終値データをダウンロードして，Excel で読み込んで Excel ファイルとして保存してみる．

1. yahoo! finance HP（図 2.1）にアクセスし，検索 Box に Nikkei あるいは日経平均株価のシンボル・コードである^225 を入力すると検索結果に^N225 Nikkei 225 が出るので，ここをクリックして，日経平均株価のページに行く [1]．

2. 日経平均株価のページで，青字の Historical Data をクリックして（図 2.2），日経平均株価ヒストリカル・データのページに行く．

3. 日経平均株価ヒストリカル・データのページで，Time Period：の端にある青字の日付をクリックすると，取得するデータ範囲を指定できる（図 2.3）．ここでは，直近半年なので，6M をクリックして，右端にある青地 Apply ボタンをクリックすると，必要なデータが表示される．続いて Apply ボタン下の青字の Download ボタンをクリックすると，データを csv 形式でダウンロードできる [2]．

図 2.1 yahoo! finance HP

---

[1] 検索で Nikkei と入力して，Enter キーを押してしまうと Nikkei/Yen Futures（日経先物）のページに行ってしまう．Enter キーを押すのではなく，検索結果から^N225 Nikkei 225 をクリックすることに注意．

図 2.2 yahoo! finance 日経平均株価ページ

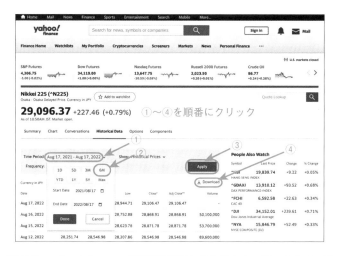

図 2.3 yahoo! finance 日経平均株価ヒストリカル・データのページ

4. 最後にダウンロードした csv ファイル (デフォルトでは, ^N225.csv) を Excel で開いて, Excel ブック形式 (*.xlsx) で保存する [3].

---

[2] CSV (comma-separated values) とは, テキスト (文字) データの形式の一つで, 各データをカンマ「,」で区切って列挙した形式のことである. なお, 日経先物などデータによっては, ダウンロードできないものもある.

	A	B	C	D	E	F	G
1	Date	Open	High	Low	Close	Adj Close	Volume
2	2022/1/31	26690.59961	27134.57031	26541.65039	27001.98047	27001.98047	78300000
3	2022/2/1	27167.14063	27410.78906	27016.71094	27078.48047	27078.48047	81100000
4	2022/2/2	27302.99023	27564.61914	27289.16016	27533.59961	27533.59961	85200000
5	2022/2/3	27330.96094	27357.33008	27165.92969	27241.31055	27241.31055	81100000
6	2022/2/4	27095.90039	27455.98047	27075.99023	27439.99023	27439.99023	79600000
7	2022/2/7	27327.63086	27369.67969	27085.32031	27248.86914	27248.86914	77100000
8	2022/2/8	27318.30078	27461.33008	27280.25	27284.51953	27284.51953	76600000
9	2022/2/9	27488.65039	27633.09961	27405.88086	27579.86914	27579.86914	93500000
10	2022/2/10	27818.09961	27880.69922	27575.07031	27696.08008	27696.08008	82900000
11	2022/2/14	27305.91992	27325.5	26947.65039	27079.58984	27079.58984	79800000
12	2022/2/15	27183.56055	27205.19922	26724.91016	26865.18945	26865.18945	76200000

図 **2.4**　Excel で開いた˄N225.csv

　表 2.1 の数値を眺めてみても，日経平均株価の現れ方の特徴を把握することは難しい．調査や実験によって観測値が得られたとき，得られた値をいくつかのグループに分けて表や図にするほうが観測対象の特徴をつかみやすい．

定義 2.1（度数分布表）

　度数分布表は，観測値のとりうる値をいくつかの**階級（クラス）**に分け[4]，それぞれの階級に属する観測値の個数を数えて表にしたものである．それぞれの階級に属する観測値の個数を**度数**あるいは**頻度**という．

　表 2.2 は，表 2.1 のデータを度数分布表にしたものである．表 2.2 の階級値，相対度数，累積度数，累積相対度数の意味は次の定義 2.2 のとおりである．

定義 2.2（階級値・相対度数・累積度数・累積相対度数）

階級値 階級を代表する値．通常，階級の上限値と下限値の中間の値を階級値とする．

相対度数 各階級に属する観測値の個数（度数）を観測値の総数で割った値．各階級に属する観測値個数の観測値総数に対する割合を示して

---

[3] ダウンロードした csv ファイルを Excel で開くと図 2.4 のようになっているはずである．ここで，各列一行目の Date, Open, High, Low, Close, Adj Close, Volume は，各々，日付，始値（当日取引開始時価格），高値（当日最高価格），安値（当日最低価格），終値（当日取引終了時価格），調整後終値（株式分割実施前の終値を分割後の値に調整したもの），出来高（売買成立した株式数）を表している．

[4] Excel では，階級を**データ区間**とよんでいる．

表 2.2　日経平均株価（2022 年 1 月 31 日〜2022 年 7 月 29 日）の度数分布表

階級 （単位：円）	階級値 （単位：円）	度数	相対度数	累積度数	累積 相対度数
23500〜24000	23750	0	0.00%	0	0.00%
24000〜24500	24250	0	0.00%	0	0.00%
24500〜25000	24750	2	1.64%	2	1.64%
25000〜25500	25250	4	3.28%	6	4.92%
25500〜26000	25750	8	6.56%	14	11.48%
26000〜26500	26250	23	18.85%	37	30.33%
26500〜27000	26750	34	27.87%	71	58.20%
27000〜27500	27250	23	18.85%	94	77.05%
27500〜28000	27750	21	17.21%	115	94.26%
28000〜28500	28250	7	5.74%	122	100.00%
	合計	122			

いる.

累積度数　度数を下の階級から順に合計したときの，その階級以下の度数
の累積和[5].

累積相対度数　その階級以下の相対度数の累積和.

データの大きさ，すなわち，観測値の総数が異なる複数のデータを比較す
るときには，度数よりも相対度数で比較したほうがよい．また，2 万 5 千円
未満の株価が全体の何%かといったことに注目するときには，累積相対度数
を用いる.

Excel 操作法 2.1（度数分布）

　データを収めた数値リストからデータの度数分布，すなわち各階級とそ
の度数の値を求めるには，適当なセル範囲に階級上限値を入力したあと（図
2.5），［**データ**］タブ ⟹ ［**データ分析**］⟹ ［**ヒストグラム**］を選択して
［OK］をクリックし[6]，ダイアログボックスに以下のルールに即して必要
な情報を入力して［OK］をクリックする（図 2.6）.

---

[5] 表 2.2 では，累積度数は，下の階級から順番に，$0, 0, 0+2, 0+2+4, \cdots, 0+2+4+\cdots+7$
である.
[6] ［データ］タブに［データ分析］がない場合には，Excel 操作法 2.2 を参照して分析
ツールの読み込みを行う.

- **入力範囲**にはデータの入ったセル範囲を指定し，**データ区間**には各階級の階級上限値の入ったセル範囲を指定する．
- データの入力範囲の先頭にラベル（データ名）があるときは，**ラベル**にチェックを入れる．
- **累積度数分布の表示**にチェックを入れると累積相対度数分布を出力する．
- **グラフ作成**にチェックを入れると，ヒストグラムと累積相対度数のグラフを作成する[7]．

	A	B	C	D	E	F	G	H	I	J
1	Date	Open	High	Low	Close	Adj Clos	Volume			
2	2022/01/31	26690.6	27134.6	26541.7	27002	27002	7.8E+07		階級上限値	
3	2022/02/01	27167.1	27410.8	27016.7	27078.5	27078.5	8.1E+07		24000	
4	2022/02/02	27303	27564.6	27289.2	27533.6	27533.6	8.5E+07		24500	
5	2022/02/03	27331	27357.3	27165.9	27241.3	27241.3	8.1E+07		25000	
6	2022/02/04	27095.9	27456	27076	27440	27440	8E+07		25500	
7	2022/02/07	27327.6	27369.7	27085.3	27248.9	27248.9	7.7E+07		26000	
8	2022/02/08	27318.3	27461.3	27280.3	27284.5	27284.5	7.7E+07		26500	
9	2022/02/09	27488.7	27633.1	27405.9	27579.9	27579.9	9.4E+07		27000	
10	2022/02/10	27818.1	27880.7	27575.1	27696.1	27696.1	8.3E+07		27500	
11	2022/02/14	27305.9	27325.5	26947.7	27079.6	27079.6	8E+07		28000	
12	2022/02/15	27183.6	27205.2	26724.9	26865.2	26865.2	7.6E+07		28500	
13	2022/02/16	27269.1	27486.1	27227.2	27460.4	27460.4	6.4E+07			

図 2.5　度数分布作成のための階級上限値入力例

Excel 操作法 2.2（分析ツールの読み込み）

1. ［ファイル］タブ $\Longrightarrow$［その他のオプション］$\Longrightarrow$［オプション］$\Longrightarrow$［アドイン］カテゴリを順番にクリック．
2. ［管理］ボックスの一覧の［Excel アドイン］$\Longrightarrow$［設定］をクリック．
3. ［アドイン］ボックスで，［分析ツール］チェックボックスをオンにし，［OK］をクリック（図 2.7）．

---

[7] ヒストグラムについては，後述の定義 2.3 を参照．

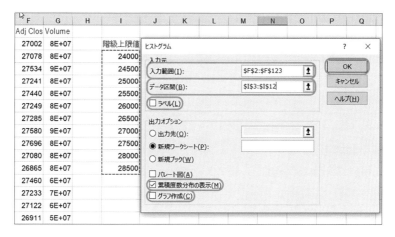

図 **2.6**　度数分布作成ダイアログボックス入力例

図 **2.7**　「管理」ボックスと「アドイン」ボックス

　相対度数，累積度数，累積相対度数の計算には，データの和（合計）を求める必要がある．Excel 操作法 2.3 にあるように Excel にはデータの和を求

める関数が予め用意されている [8].

Excel 操作法 2.3（データの和）

データの和（合計）を求めるには，次の関数 SUM を用いる [9].

= SUM(データ入力範囲)

例 2.2（度数分布表の作成）　表 2.1 の日経平均株価データについて，Excel を用いて，以下の手順で，表 2.2 の度数分布表を作ってみる．

1. 階級，階級値，度数の値の入った表を作成する（図 2.5，図 2.6，図 2.8）．
2. **総度数**，すなわち，度数の総合計数を求める（以下，図 2.9 参照 [10]）．
3. 度数/総度数として，相対度数を求める．
4. 累積度数を求める．
5. 累積度数/総度数として累積相対度数を求める．

　度数分布表をグラフにすると，視覚的にデータの散らばり具合，すなわち分布の特徴を把握することができる．

---

[8] Excel の関数とは，特定の計算をするために予め Excel に用意されている数式のことをいう．Excel の関数は「=関数名（引数 1，引数 2，…）」のような形式になっており，引数（ひきすう）には数値のほか，セル範囲や参照，条件などを指定する．

[9] Excel での関数入力では，大文字・小文字を区別しない．すなわち，=sum と入力しても，=SUM と入力しても結果は同じである．

[10] Excel で式の入力を終えるとセルには，結果の数字が表示されるが，［数式］タブをクリックすると現れるリボンの［数式の表示］をクリックすると，入力式表示に切り替わる．さらに，もう一度［数式の表示］をクリックすれば，元の結果の数字表示に戻る．以降，Excel の画面でセルのなかに数式が表示されている場合は，ことわりのない限り［数式の表示］チェックボックスをオンにしている．

	A	B	C
1	データ区間	頻度	累積%
2	24000	0	0.00%
3	24500	0	0.00%
4	25000	2	1.64%
5	25500	4	4.92%
6	26000	8	11.48%
7	26500	23	30.33%
8	27000	34	58.20%
9	27500	23	77.05%
10	28000	21	94.26%
11	28500	7	100.00%
12	次の級	0	100.00%

図 **2.8**　例 2.2 度数出力例

E	F	G	H	I	J
階級	階級値	度数	相対度数	累積度数	累積相対度数
23500～24000	23750	0	=G3/$G$13	=G3	=I3/$G$13
24000～24500	=F3+500	0	=G4/$G$13	=I3+G4	=I4/$G$13
24500～25000	=F4+500	2	=G5/$G$13	=I4+G5	=I5/$G$13
25000～25500	=F5+500	4	=G6/$G$13	=I5+G6	=I6/$G$13
25500～26000	=F6+500	8	=G7/$G$13	=I6+G7	=I7/$G$13
26000～26500	=F7+500	23	=G8/$G$13	=I7+G8	=I8/$G$13
26500～27000	=F8+500	34	=G9/$G$13	=I8+G9	=I9/$G$13
27000～27500	=F9+500	23	=G10/$G$13	=I9+G10	=I10/$G$13
27500～28000	=F10+500	21	=G11/$G$13	=I10+G11	=I11/$G$13
28000～28500	=F11+500	7	=G12/$G$13	=I11+G12	=I12/$G$13
	合計	=SUM(G3:G12)			

図 **2.9**　例 2.2 の入力例

定義 2.3（ヒストグラム）

　度数分布表を，横軸を階級，縦軸を度数として棒グラフにしたものを**ヒストグラム**あるいは**柱状グラフ**という．

表 2.2 の度数分布のヒストグラムを描いたものが図 2.10 である．

例 2.3（ヒストグラムの作成）　次の手順で，Excel を使って図 2.10 のヒストグラムを描いてみる．

1.　度数分布表を作成したときと同様に，［データ］タブ $\Longrightarrow$［データ分析］$\Longrightarrow$［ヒストグラム］を選択して［OK］をクリック．

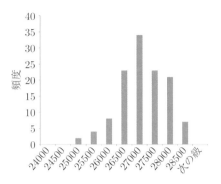

図 2.10　日経平均株価（2022 年 1 月 31 日〜2022 年 7 月 29 日）のヒストグラム

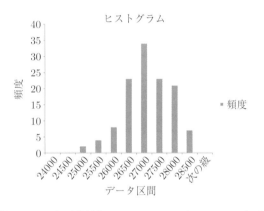

図 2.11　日経平均株価のヒストグラム（デフォルト表示）

2. 現れたダイアログボックスに図 2.6 の情報を入力し，［グラフ作成］
チェックボックスをオンにして［OK］をクリック（Excel 操作法 2.1
参照）．

　図 2.10 はデフォルトの状態（図 2.11）からいくつかのオプションの変更
を行っている．図 2.10 では，グラフタイトル「ヒストグラム」，x-軸ラベル
「データ区間」，凡例 ■頻度 を消しているが，これには，各々，該当箇所をク
リックして選択したあとに，右クリックして現れるダイアログボックス内の
［削除 (D)］をクリックすればよい．

　その他グラフのデフォルト表示の変更を行うオプションについては，ここ

では取り上げないが，必要に応じて実際にグラフエリアを操作して，一つひとつその効果を確かめてほしい．

　ヒストグラムにおいて，データの分布が左右対称の山型分布にならないものも多くある．そのうち，峰が中央から左側に寄っていて，右側に長く裾を引く分布のことを，**右に歪んだ分布**といい，逆に，峰が中央から右側に寄っていて，左側に長く裾を引く分布のことを，**左に歪んだ分布**という．

　データによっては峰が2つある分布（**双峰型**）や峰が3つ以上になる分布（**多峰型**）がある．そのような場合は，通常，性質の異なるデータが混じり合っていることが多く，適当にグループ分けすると，峰が1つの分布（**単峰型**）になることが多い．このような操作を**層別化**という．

　度数分布表やヒストグラムを作成するときの注意点は，階級数と階級幅である．階級数に関しては，少なすぎても多すぎてもデータの意味するところがわかりにくくなる．表2.2の日経平均株価の度数分布では500円きざみで10の階級を設定しているが，同じデータに対して，24,000円以上25,000円未満というように1,000円きざみで5階級，および24,000円以上24,250円未満というように250円きざみで20階級に分けてヒストグラムを作成したものが，それぞれ図2.12と図2.13である．5階級では，階級幅が大きすぎるため，分布の特徴を捉えがたい．一方，20階級とすると分布は多峰型になってしまい，やはり特徴をつかみづらい．

　階級をどのようにとるかを決める統一的ルールはない．ただし，階級数を決める方法には，次のスタージェスの公式がある[11]．

公式 2.1（スタージェスの公式 *）

　　$k = $ 階級数，$n = $ 観測値の数として，

$$k = 1 + \log_2 n = 1 + \frac{\log_{10} n}{\log_{10} 2}.$$

　階級幅についても厳密なルールはないが，一般には等しい階級幅であることが望ましい．ただし分布の両端付近の階級において，中心付近と比較して

---
[11] 詳細については，東京大学教養学部統計学教室 (1991) などを参照．

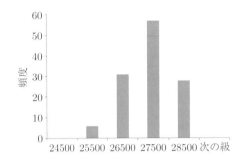

図 2.12   日経平均株価のヒストグラム：階級数 =5

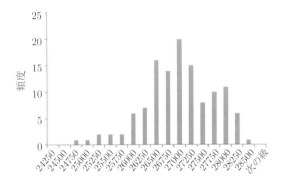

図 2.13   日経平均株価のヒストグラム：階級数 =20

度数が極端に小さい場合には，階級幅を広げたりする．

▷ **問 2.1**   図 2.12 と図 2.13 のヒストグラムを作成しなさい．

　度数分布表からはヒストグラムのほかに，累積度数や累積相対度数をもとにしたグラフを作ることもできる．この場合には，棒グラフの代わりに，各点を順に結んでいった折れ線グラフが用いられる．表 2.2 の日経平均株価の累積相対数のグラフを作成したものが，図 2.14 である．

Excel 操作法 2.4（座標点と折れ線グラフ）

　いくつかの (x, y)-座標点とそれらを結ぶ折れ線グラフを描くには次のようにする．

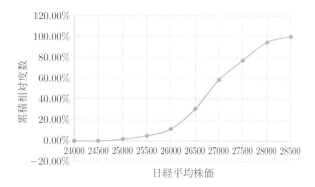

図 2.14 累積相対度数グラフ

1. x-座標点のセル範囲を選択（先頭のセルをクリックしたあと，最後の
   セルを Shift を押しながらクリックする）．
2. y-座標点のセル範囲を選択（先頭のセルを Ctrl を押しながらクリッ
   クしたあと，最後のセルを Shift を押しながらクリックする）．
3. ［挿入］タブ $\Longrightarrow$［グラフ］内の［散布図 (X, Y) またはバブルチャー
   トの挿入］ $\Longrightarrow$［散布図］ をクリックすると (x, y)-座標点
   のグラフが描ける．
4. 3 に代えて，［挿入］タブ $\Longrightarrow$［グラフ］内の［散布図 (X, Y) またはバ
   ブルチャート］ $\Longrightarrow$［散布図（直線とマーカー）］ をクリッ
   クすると (x, y)-座標点とそれらを結んだ折れ線グラフが描ける．

Excel 操作法 2.5（グラフの保存）

　グラフを保存するにはいくつかの方法があるが，ここでは Microsoft Paint
（ペイントアプリ）で保存する方法を示す．

1. Excel のワークシートで図として保存するグラフをクリック．
2. 右クリックあるいは［ホーム］タブをクリックすると現れるリボンか
   ら［コピー］を選ぶ[12]．
3. スタートボタンから［Microsoft Paint］（ペイントアプリ）を開く．

4. リボンの［貼り付け］をクリック.

5. ［トリミング］ボタンを押して現在の選択範囲のみが含まれるように画像をトリミング.

6. ［ファイル］タブ ⟹ ［名前を付けて保存］をクリック.

7. ［コピー先］ダイアログボックスが開くので，画像の保存先フォルダと名前，ファイルの種類を選択して［保存］をクリック.

なお，ファイルの種類には，一般的な画像形式として次のようなものがある.

- デバイスに依存しないビットマップ (.bmp)
  あるプログラムで作成されたグラフィックは，別のプログラムでもまったく同じように表示される.
- グラフィックス・インターチェンジ形式 (.gif)
  256 色をサポート，ファイルが圧縮されてもイメージのデータは失われない.
- JPEG ファイルインターチェンジ形式 (.jpg)
  スキャンした写真など，多くの色の画像に最も適している.
- ポータブル・ネットワーク・グラフィックス形式 (.png)
  イメージの一部を透明にし，明るさを制御できるため Web サイトでのグラフィックの品質が向上する.

例 2.4（累積度数グラフの作成とグラフ保存）　　次の方法 1 あるいは方法 2 を使って，Excel で図 2.14 の累積相対度数グラフを作成し，png 形式でファイルに保存してみる.

方法 1　Excel 操作法 2.1 を用いる
　　　　　［データ］タブ ⟹ ［データ分析］⟹ ［ヒストグラム］で現れるダイアログボックスの［累積度数分布の表示］と［グラフ作成］の 2 つにチェックを入れて［OK］をクリックすると，累積相対度数とヒストグラムの 2 つが 1 つのグラフに重ねて表示される.

---

12) ワークシート上の［ファイル］，［ホーム］，［挿入］などのボタンをタブとよび，タブのクリックや右クックで現れるアイコン表示のボタンをリボンとよぶ.

ここで，グラフエリアをクリックして選択すると現れる［グラフフィルター］アイコン 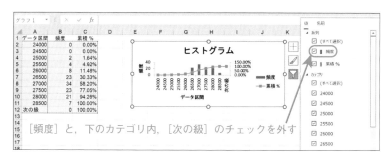 をクリックし，ボックス内の系列名［頻度］のチェックとカテゴリ名［次の級］のチェックを外し，［適用］ボタンを押す（図 2.15）．これで，累積相対度数の折れ線グラフとなる．あとは，グラフタイトルをクリックして，タイトルの変更を行うなどの修正をすればよい．

方法 2　「データ区間」と「累積 %」の値から，**Excel 操作法 2.4** によって，折れ線グラフを作成する

この場合，データ区間の数値を x-座標点のセル範囲，累積 % の数値を y-座標のセル範囲とする．

図 2.15　ヒストグラムと累積相対度数グラフ

ローレンツ曲線

表 2.3 の従業者規模別の事業所数と従業者数というように，各階級（表 2.3 では従業者規模）に対して 2 つの異なるデータ（事業所数と従業者数）が与えられている場合，それら 2 つの累積相対度数のグラフを組み合わせて描くこともある．すなわち，事業所数の累積相対度数を横軸に，従業者数の累積相対度数を縦軸にとり，それぞれの点を線で結ぶと図 2.16 のようになる．このように 2 つの累積相対度数の値を (x, y)-座標点として描いた折れ線を**ローレンツ曲線** (Lorenz curve) とよぶ．

図 2.16 は，事業所を小さいものから順に並べた場合の，事業所数の最初の何 % に従業者数の何 % が存在するかを示している．すべての事業所の従業者数が等しければ，この線は図 2.16 の対角線となる．したがって，図 2.16 の

表 **2.3**　従業者規模別事業所数および従業者数
（全国・2012 年・公務を除く非農林漁業）

従業者規模	事業所数 （件）	累　積 相対度数	従業者数 （人）	累　積 相対度数
1〜4 人	3,185,654	0.5897	6,905,819	0.1245
5〜9 人	1,069,264	0.7876	6,989,099	0.2504
10〜19 人	621,711	0.9027	8,378,678	0.4015
20〜29 人	219,363	0.9433	5,217,410	0.4955
30〜49 人	149,816	0.9711	5,638,682	0.5971
50〜99 人	95,836	0.9888	6,545,507	0.7151
100〜199 人	38,297	0.9959	5,202,809	0.8089
200〜299 人	10,215	0.9978	2,465,640	0.8533
300〜499 人	6,647	0.9990	2,507,269	0.8985
500〜999 人	3,661	0.9997	2,478,245	0.9432
1,000 人以上	1,635	1.0000	3,151,879	1.0000
合　計	5,402,099		55,481,037	

出典：平成 24 年経済センサス–活動調査「事業所に関する集計」
(https://www.e-stat.go.jp)

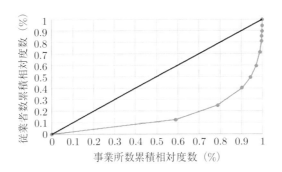

図 **2.16**　ローレンツ曲線

折れ線のように，対角線から分離している場合は，事業所の規模は不均等に
分布していることになる．そして，対角線と折れ線で固まれた三日月様の部
分の面積が大きければ大きいほど，事業所の規模は不均等に分布しているこ
とになる．

例 2.5（ローレンツ曲線の作成）　Excel を使って図 2.16 のローレンツ
曲線を描いてみる．

　これには，Excel 操作法 2.4 において，x-座標のセル範囲を事業所数累

積相対度数，y-座標のセル範囲を従業者数累積相対度数とすればよい．

なお，図 2.16 の直線は，

$$(x, y) = (事業所数累積相対度数, 事業所数累積相対度数)$$

とした，$y = x$ の式を表している．この直線とローレンツ曲線を同時に描くには，図 2.17 のようにデータを 3 列に渡って入力したうえで，すべてを選択して，[挿入] タブ $\Longrightarrow$ [グラフ] 内の [散布図 (X, Y) またはバブルチャートの挿入] ▦ $\Longrightarrow$ [散布図（直線とマーカー）] ▨ を順番にクリックすればよい．

一般に，3 列以上のデータ範囲を選択すると，第 1 列を x-軸データ，第 2 列を 1 番目の y-軸データ，第 3 列を 2 番目の y-軸データとして，複数のグラフを作成する．

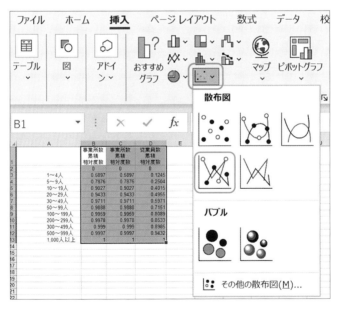

図 2.17　ローレンツ曲線と $y = x$ のグラフを同時に描く

表 **2.4**　所得金額階級別世帯数の相対度数分布（2019 年調査）

所得金額	相対度数 (%)	累積相対度数 (%)
100 万円未満	6.4	6.4
100〜200	12.6	19.0
200〜300	13.6	32.6
300〜400	12.8	45.4
400〜500	10.5	56.0
500〜600	8.7	64.7
600〜700	8.1	72.8
700〜800	6.2	79.0
800〜900	4.9	83.9
900〜1000	4.0	87.9
1000〜1100	3.1	91.0
1100〜1200	1.9	92.9
1200〜1300	1.7	94.6
1300〜1400	1.2	95.8
1400〜1500	0.9	96.7
1500〜1600	0.7	97.4
1600〜1700	0.5	97.9
1700〜1800	0.4	98.3
1800〜1900	0.3	98.6
1900〜2000	0.2	98.8
2000 万円以上	1.2	100.0

出典：厚生労働省「国民生活基礎調査」
https://www.mhlw.go.jp/toukei/list/20-21.html

▷ **問 2.2**　表 2.4 の度数分布表について相対度数ヒストグラムと累積相対度数グラフを作成しなさい.

ヒント　相対度数ヒストグラムを描くには，Excel 操作法 2.4 と同様に x-座標点のセル範囲と y-座標点のセル範囲を選択したあと，［挿入］タブ $\Longrightarrow$ ［グラフ］内の［縦棒/横棒グラフの挿入］ ▮▮˅ $\Longrightarrow$ ［2-D 縦棒］［集合縦棒］ ▮▮▮ をクリックすればよい.

2.2　代表値

データを代表する数値を**代表値**という. 以下，本節では，いくつかの代表値を取り上げる.

定義 2.4（平均）

$x_1, \cdots, x_n$ をデータとしたとき，**平均（算術平均）**は [13]，データの和（合計）をデータの総数 n で割ったものであり，

$$\bar{x} = \frac{x_1 + x_2 + \cdots + x_n}{n} \tag{2.1}$$

で定義される．すでに，度数分布表が与えられている場合には，v_i を第 i 階級値，f_i を第 i 階級の度数，$\hat{f}_i$ を第 i 階級の相対度数とすると，平均は，

$$\begin{aligned}
\bar{x} &= \frac{(\text{階級値} \times \text{度数}) \text{ の総和}}{\text{度数の総和}} \\
&= \frac{v_1 f_1 + v_2 f_2 + \cdots + v_n f_n}{f_1 + f_2 + \cdots + f_n} \\
&= (\text{階級値} \times \text{相対度数}) \text{ の総和} \\
&= v_1 \hat{f}_1 + v_2 \hat{f}_2 + \cdots + v_n \hat{f}_n,
\end{aligned}$$

ただし，$\quad \hat{f}_i = \dfrac{f_i}{f_1 + f_2 + \cdots + f_n}, \quad i = 1, 2, \cdots, n$

によって求められる．

例 2.6（度数分布表を使った平均値の計算） Excel を使って表 2.5 の度数分布表から平均年齢を求めてみる．

図 2.18 のように Excel に入力すると，平均年齢 = 25.2635 となる．

▷ **問 2.3** 表 2.4 の度数分布表から平均所得金額を求めなさい．ただし，所得金額 100 万円未満の階級値を 50 万円，2000 万円以上の階級値を 3000 万円とし，その他の階級値は，階級の中央値（定義 2.5 参照）とする．

▷ **問 2.4** データ：$\{1, 1, 1, 1, 2, 3, 4, 5, 16, 20\}$ について，ヒストグラム（図 2.19）を描くとともに平均を求めなさい．

---

[13] 平均には，算術平均以外に，$\{x_1 \times x_2 \times \cdots \times x_n\}^{\frac{1}{n}}$ で定義される**幾何平均**，$\dfrac{1}{x_H} = \dfrac{1}{n}\left(\dfrac{1}{x_1} + \cdots + \dfrac{1}{x_n}\right)$ を満たす x_H で定義される**調和平均**などがある．

表 2.5 度数分布表：令和 3 年公認会計士試験，年齢別合格者数 [14]

年齢	年齢階級値	合格者数 （相対度数%）
20 歳未満	19	0.9
20 歳以上 25 歳未満	22.5	64.2
25 歳以上 30 歳未満	27.5	21.8
30 歳以上 35 歳未満	32.5	8.1
35 歳以上 40 歳未満	37.5	3.2
40 歳以上 45 歳未満	42.5	1.1
45 歳以上 50 歳未満	47.5	0.5
50 歳以上 55 歳未満	52.5	0.1
55 歳以上 60 歳未満	57.5	0.0
60 歳以上 65 歳未満	62.5	0.1

出典：公認会計士・監査審査会「令和 3 年公認会計士試験合格者調」
(https://www.fsa.go.jp/cpaaob/kouninkaikeishi-shiken)

	A	B	C	D
1	年齢	階級値 （年齢）	合格者数 （相対度数%）	階級値×相対度数
2	20歳未満	19	0.9	=B2*C2
3	20歳以上25歳未満	22.5	64.2	=B3*C3
4	25歳以上30歳未満	27.5	21.8	=B4*C4
5	30歳以上35歳未満	32.5	8.1	=B5*C5
6	35歳以上40歳未満	37.5	3.2	=B6*C6
7	40歳以上45歳未満	42.5	1.1	=B7*C7
8	45歳以上50歳未満	47.5	0.5	=B8*C8
9	50歳以上55歳未満	52.5	0.1	=B9*C9
10	55歳以上60歳未満	57.5	0	=B10*C10
11	60歳以上65歳未満	62.5	0.1	=B11*C11
12			平均年齢 =	=SUM(D2:D11)/100

図 2.18 例 2.6 の入力例

　問 2.4 で用いたデータ $\{1, 1, 1, 1, 2, 3, 4, 5, 16, 20\}$ の平均を求めると，5.4 となるが，データ数 10 個のうち，平均より小さいものは，8 個を占めており，図 2.19 のヒストグラムを見ても，平均 5.4 が代表値として妥当な数値であるとは言いがたい．このデータのように，ヒストグラムの形状が左右非対称で歪んでいる場合，数は少ないが極端なデータ値によって，平均値がその値の

---

[14] 令和 3 年度合格者中，最高年齢は 60 歳，最低年齢は 19 歳であった．

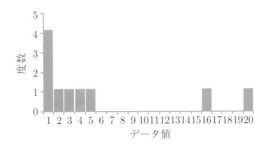

図 2.19 問 2.4 のヒストグラム

あるほうに引っ張られてしまう. このような場合の適当な代表値として, **メディアン**（**中位数**あるいは**中央値**）や**モード**（**最頻値**）などがある.

定義 2.5（メディアン・分位点・モード）

- データを大きさの順番に小さいものから順に並べたときの, 中央の値を**メディアン**（あるいは, **中位数**, **中央値**）という.

  データの大きさが奇数 $n = 2m - 1$ のときには, m 番目のデータ値がメディアンとなるが, データの大きさが偶数 $n = 2m$ の場合には, 中央の値が 1 つに定まらないので, m 番目と $m + 1$ 番目のデータ値の平均をメディアンとする.

  度数分布表が与えられている場合には, 累積相対度数が 0.5 となるデータ値がメディアンとなる.

- データを小さい順に並べたとき, 小さいほうから $100p\%\,(0 \le p \le 1)$ のところにある値を **$100p$ パーセンタイル**あるいは（**百**）**分位点**という. よく用いられる分位点としては, **四分位点**がある. これは, データを小さい順に並べて 4 等分したときの, 3 つの分割点であり, **第 1 四分位点**は, 25%分位点, **第 2 四分位点**は, 50%分位点, すなわち, メディアン, **第 3 分位点**は, 75%分位点である.

- 度数が最大となるデータ値のことを**モード**（**最頻値**）という.

　問 2.4 のデータ $\{1, 1, 1, 1, 2, 3, 4, 5, 16, 20\}$ の場合には, 大きさが 10 で, 小さい順で 5 番目のデータが 2, 6 番目が 3 であるから, メディアンは, $\dfrac{2 + 3}{2} = 2.5$ となる.

　平均，メディアン，モードについては，ヒストグラムを描いたとき，グラフの形が，峰が 1 つの単峰型で左右対称な形をしている場合には，これらの値は一致する．しかし，ヒストグラムが左右対称ではなく，峰が左側によっている場合，すなわち，右側の裾が長い**右に歪んだ分布**では，

$$平均 > メディアン > モード \tag{2.2}$$

となり，逆に峰が右側によっていて左側の裾が長い**左に歪んだ分布**の場合には，

$$平均 < メディアン < モード \tag{2.3}$$

となる．ヒストグラムが右または左に歪んでいる場合には，異常値に大きく左右されないという意味で，メディアンがよいとされている．

Excel 操作法 2.6（平均・メディアン・パーセンタイル・モード・最小値・最大値）

　平均，メディアン，$100p$ パーセンタイル，四分位点，モード，最大値，最小値を求めるには，各々次の関数を用いる．

平均
　=AVERAGE(データの入力範囲)

メディアン
　=MEDIAN(データの入力範囲)

$100p$ パーセンタイル
　=PERCENTILE.INC(データの入力範囲,p)

第 i 四分位, i=0,1,2,3,4
　=QUARTILE.INC(データの入力範囲,i) [15]

モード
　=MODE.SNGL(データの入力範囲)

最大値
　=MAX(データの入力範囲)

最小値
　=MIN(データの入力範囲)

例 2.7（平均, メディアン, 四分位点, モード, 最大値, 最小値） デー
タ：$\{1,1,1,1,2,3,4,5,16,20\}$ について, その平均, メディアン, 第 1 四
分位点, 第 3 四分位点, モード, 最大値, 最小値を求めてみる.

Excel に図 2.20 のように入力すると, 結果は, 図 2.21 のとおりになる.

	A	B	C	D	E	F	G	H	I	J	K
1	データ	1	1	1	1	2	3	4	5	16	20
2											
3	平均	=AVERAGE(B1:K1)									
4	メディアン	=MEDIAN(B1:K1)									
5	第1四分位	=PERCENTILE.INC(B1:K1,0.25)	=QUARTILE.INC(B1:K1,1)								
6	第3四分位	=PERCENTILE.INC(B1:K1,0.75)	=QUARTILE.INC(B1:K1,3)								
7	モード	=MODE.SNGL(B1:K1)									
8	最大値	=MAX(B1:K1)									
9	最小値	=MIN(B1:K1)									
10											

図 2.20 例 2.7 の入力例

	A	B	C	D	E	F	G	H	I	J	K	L
1	データ	1		1	1	1	2	3	4	5	16	20
2												
3	平均	5.4										
4	メディアン	2.5										
5	第1四分位	1	1									
6	第3四分位	4.75	4.75									
7	モード	1										
8	最大値	20										
9	最小値	1										
10												

図 2.21 例 2.7 の出力例

2.3 散らばりの尺度

表 2.6 の 3 つのデータ A, B, C について各々の平均, メディアン, モード

---

[15] $100p$ パーセンタイルを求めるのには,「=PERCENTILE.EXC」でも可能である. 同様
に第 i 四分位を求めるのに,「=QUARTILE.EXC」も使うことができる. これらの違い
の詳細については, Excel のマニュアルを参照してほしい. また, 第 i 四分位につい
ては, その定義（定義 2.5）から, PERCENTILE.INC を使っても求められる.

表 2.6　散らばり具合の異なるデータ

	データ
データ A	0,　3,　3,　5,　5,　5,　5,　7,　7,　10
データ B	0,　1,　2,　3,　5,　5,　7,　8,　9,　10
データ C	3,　4,　4,　5,　5,　5,　5,　6,　6,　7

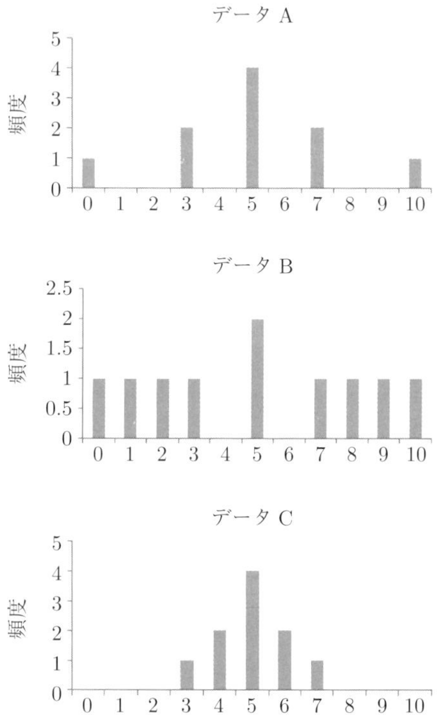

図 2.22　データ A，B，C のヒストグラム

を求めると，すべて同じ値となるが，ヒストグラム（図 2.22）を描くとその
データ値の分布（散らばり具合の様子）がかなり異なっている．そこで，こ
れらの異なる分布の散らばり具合を表す尺度について考える．

▷ **問 2.5**　表 2.6 の 3 つのデータ A, B, C について各々の平均，メディア
ン，モードを求めるとともにヒストグラム（図 2.22）を描きなさい．

データの散らばり具合を表す尺度の最も単純なものは，データの最大値と最小値の差をとったものであり，これは，**レンジ** (range) または，**範囲**とよばれている．すなわち，

$$\text{レンジ} = \max\{x_1, \cdots, x_n\} - \min\{x_1, \cdots, x_n\}$$

である．

レンジは，最大値と最小値のみから計算されるので，散らばり具合を表す尺度としては，かなり粗いものであり，データに極端に小さいか，あるいは大きい値があるとこの値にレンジが影響を受けてしまうことになる．レンジを改良したものとして，第3四分位（75%点）と第1四分位（25%点）の差の半分とした，**四分位偏差**がある．すなわち，

$$\text{四分位偏差} = \frac{\text{第3四分位} - \text{第1四分位}}{2}$$

である．四分位偏差も，高々数個のデータの一部分の値しか用いていないということでは，粗い尺度といえる．それに対して，次の定義 2.6 にある分散と標準偏差は，すべてのデータ値を用いて，平均を基準として，

$$\text{偏差} = \text{データ値} - \text{平均}$$

に関して平均をとろうとするものである．

定義 2.6（分散と標準偏差）

偏差の二乗の平均をとったものを**分散**という．すなわち，データ $\{x_1, \cdots, x_n\}$ の分散を S^2 とすると，$\bar{x}$ をデータの平均として，

$$S^2 = \frac{(x_1 - \bar{x})^2 + \cdots + (x_n - \bar{x})^2}{n}$$

である．分散の平方根をとったものを**標準偏差**という．すなわち，分散を S^2 とすると，標準偏差は

$$S = \sqrt{S^2}$$

である．

分散において偏差の二乗の平均をとるのは，二乗しないで平均をとると，平均との差が正のものと負のもので相殺されて，必ずゼロとなってしまい，散らばりの尺度として意味をなさなくなってしまうからである．

▷ **問 2.6*** 偏差の平均がゼロとなることを示しなさい．

分散の測定単位については，偏差の二乗をしていることから，もともとの測定単位の二乗の単位となってしまう．そこで，もともとの測定単位での比較を行う際には，分散の平方根をとった標準偏差を用いる．

度数分布表が与えられている，すなわち，各階級値 v_i と度数 f_i，あるいは，相対度数 $\hat{f_i}$, $i = 1, \cdots, k$ が与えられている場合には，平均の定義（定義 2.4）から，分散 S^2 は，次のように計算する．

$$S^2 = \frac{(v_1 - \bar{x})^2 f_1 + \cdots + (v_n - \bar{x})^2 f_n}{f_1 + \cdots + f_n}$$
$$= (v_1 - \bar{x})^2 \hat{f_1} + \cdots + (v_n - \bar{x})^2 \hat{f_n}.$$

分散の計算には，次の公式を用いてもよい．

公式 2.2（分散の公式）

分散 ＝ データ値の二乗の平均 − 平均の二乗．

すなわち，

$$S^2 = \frac{x_1^2 + \cdots + x_n^2}{n} - \bar{x}^2. \tag{2.4}$$

▷ **問 2.7*** 分散の定義（定義 2.6）から分散の公式（公式 2.2）が成立することを示しなさい．

Excel 操作法 2.7（分散・標準偏差）

分散，標準偏差を求めるには，各々次のように入力する．

分散

  = VAR.P(データの入力範囲)

標準偏差

  = STDEV.P(データの入力範囲)

例 2.8（分散，標準偏差，レンジ） 表 2.6 のデータ A，B，C の分散，標準偏差，レンジを Excel で求めてみる．これには，図 2.23 のようにすればよい．その結果は，図 2.24 のとおりである．

	A	B	C	D	E	F	G	H	I	J	K
1	A	0	3	3	5	5	5	5	7	7	10
2	B	0	1	2	3	5	5	7	8	9	10
3	C	3	4	4	5	5	5	5	6	6	7
4											
5		分散	標準偏差	レンジ							
6	A	=VAR.P(B1:K1)	=STDEV.P(B1:K1)	=MAX(B1:K1)-MIN(B1:K1)							
7	B	=VAR.P(B2:K2)	=STDEV.P(B2:K2)	=MAX(B2:K2)-MIN(B2:K2)							
8	C	=VAR.P(B3:K3)	=STDEV.P(B3:K3)	=MAX(B3:K3)-MIN(B3:K3)							
9											

図 2.23 例 2.8 の入力例

	A	B	C	D	E	F	G	H	I	J	K
1	A	0	3	3	5	5	5	5	7	7	10
2	B	0	1	2	3	5	5	7	8	9	10
3	C	3	4	4	5	5	5	5	6	6	7
4											
5		分散	標準偏差	レンジ							
6	A	6.6	2.569046516	10							
7	B	10.8	3.286335345	10							
8	C	1.2	1.095445115	4							

図 2.24 例 2.8 の出力例

▷ **問 2.8** 例 2.1 の手順によって，yahoo! finance HP から直近 6 ヵ月間の日経平均株価日次終値データをダウンロードし，それを Excel で読み込んで，終値 (Close) の平均，分散，標準偏差を求めなさい．

▷ **問 2.9**[*] 表 2.2 の度数分布表から平均，分散，標準偏差を求めなさい．

　分布の平均値が著しく異なる場合，分布の散らばり具合を比較するのに，分散や標準偏差を比較するだけでは，十分ではない場合がある．たとえば，1985年の日経平均株価の月次終値の平均は12,616円，標準偏差は304.17円であったのに対し，2021年の平均は28,550円，標準偏差は639.97円であった．この場合，標準偏差を比較すると，約2倍であるが，価格変動が大きくなったといえるだろうか？　この間，平均も2倍以上に伸びている．このような場合，平均の大きさの影響を排除して，平均値周りのバラツキの大小を比較するのには，平均に対する標準偏差の比を用いるほうが適当といえる．

　データの平均と標準偏差を各々 $\bar{x}$ と S_x としたとき，平均 $\bar{x}$ に対する標準偏差 S_x の比を**変動係数**という．すなわち，

$$\text{変動係数} = \frac{\text{標準偏差}}{\text{平均}} = \frac{S_x}{\bar{x}} \tag{2.5}$$

である．

　先の例では，1985年の変動係数 $= \dfrac{304.17}{12616} = 0.024$，2021年の変動係数 $= \dfrac{639.97}{28550} = 0.022$ であり，相対的な価格変動は変わらないか，むしろ少し小さくなっているといえそうである．

　データ $X = \{x_1, \cdots, x_n\}$ の平均と標準偏差を各々 $\bar{x}$ と S_x としたとき，各 x_i に対して，

$$z_i = \frac{\text{データ値} - \text{平均}}{\text{標準偏差}} = \frac{x_i - \bar{x}}{S_x}, \quad i = 1, \cdots, n \tag{2.6}$$

として，新たなデータ $Z = \{z_1, \cdots, z_n\}$ を作ると，Z の平均と分散は，各々，0と1となる．

　一方，$Z = \{z_1, \cdots, z_n\}$ の平均と分散を各々0と1とすると，

$$x_i' = z_i S_x' + \bar{x}', \quad i = 1, \cdots, n \tag{2.7}$$

として，新たなデータ $X' = \{x_1', \cdots, x_n'\}$ を作ると，X' の平均と分散は，各々，$\bar{x}'$ と $(S_x')^2$ となる．

▷ **問 2.10**[*]

1. 式(2.6)によって作ったデータ Z の平均が0，分散が1となることを示しなさい．

2. 式 (2.7) によって作ったデータ X' の平均が $\bar{x}'$, 分散が $(S'_x)^2$ となることを示しなさい.

定義 2.7（標準化と偏差値）

- 任意の与えられたデータを

$$\frac{\text{データ値} - \text{平均}}{\text{標準偏差}}$$

として, すなわち, 式 (2.6) によって, 平均 0, 分散 1 のデータに変換することをデータの**標準化**といい, 標準化したあとの各データの値を**標準得点**という.

- もともとのデータに対して, 平均が 50, 標準偏差が 10 となるように式 (2.7) によって変換したデータの値を**偏差値**という.

例 2.9（標準得点と偏差値）　Excel で表 2.6 のデータ A について, その標準得点と偏差値を求めたうえで, 標準得点の平均と標準偏差, 偏差値の平均と標準偏差を求めてみる. この場合の入力例と出力例は, 各々, 図 2.25 と図 2.26 のとおりである.

	A	B	C
1	A	A標準化	A偏差値
2	0	=(A2-$A$13)/$A$15	=50+B2*10
3	3	=(A3-$A$13)/$A$15	=50+B3*10
4	3	=(A4-$A$13)/$A$15	=50+B4*10
5	5	=(A5-$A$13)/$A$15	=50+B5*10
6	5	=(A6-$A$13)/$A$15	=50+B6*10
7	5	=(A7-$A$13)/$A$15	=50+B7*10
8	5	=(A8-$A$13)/$A$15	=50+B8*10
9	7	=(A9-$A$13)/$A$15	=50+B9*10
10	7	=(A10-$A$13)/$A$15	=50+B10*10
11	10	=(A11-$A$13)/$A$15	=50+B11*10
12	平均	平均	平均
13	=AVERAGE(A2:A11)	=AVERAGE(B2:B11)	=AVERAGE(C2:C11)
14	標準偏差	標準偏差	標準偏差
15	=STDEV.P(A2:A11)	=STDEV.P(B2:B11)	=STDEV.P(C2:C11)
16			

図 **2.25**　例 2.9 の入力例

	A	B	C
1	A	A標準化	A偏差値
2	0	-1.946247	30.53753
3	3	-0.778499	42.21501
4	3	-0.778499	42.21501
5	5	0	50
6	5	0	50
7	5	0	50
8	5	0	50
9	7	0.7784989	57.78499
10	7	0.7784989	57.78499
11	10	1.9462474	69.46247
12	平均	平均	平均
13	5	0	50
14	標準偏差	標準偏差	標準偏差
15	2.569047	1	10

図 2.26 例 2.9 の出力例

▷ **問 2.11** 表 2.6 のデータ B と C の各々について，標準得点と偏差値を求めて，それらの平均と標準偏差を求めなさい．

第3章　2次元のデータ

　前章では，観測対象の一つの属性に着目して，データを整理・要約する方法を扱った．ここでは，観測対象に対して，2つあるいは，それ以上の属性をもつデータを整理・要約する方法について説明する．

3.1　多次元データとは

　表3.1は，2020年の毎月の同一日付ごとの円・ドル為替レート（¥/\$）と日経平均株価の2つの終値を並べて観測したデータである．このように観測対象に対して，1つの属性（先の例では，円・ドル為替レート）だけではなく2つの属性（先の例では，円・ドル為替レートと日経平均株価）について

表 3.1　2次元データの例：円・ドル為替レートと日経平均株価月次終値（2020年1月1日〜2020年12月1日）
出典: yahoo! finance (https://finance.yahoo.com/[1])

日付	1/1	2/1	3/1	4/1	5/1	6/1
為替レート（¥/\$）	108.88	108.14	108.04	106.61	107.76	107.59
日経平均（単位：円）	23,205	21,143	18,917	20,194	21,878	22,288

日付	7/1	8/1	9/1	10/1	11/1	12/1
為替レート（¥/\$）	104.68	105.54	105.66	104.55	104.08	103.12
日経平均（単位：円）	21,710	23,140	23,185	22,977	26,434	27,444

---

[1] yahoo! finance HP にアクセスし，検索ボックスに USD/JPY あるいは円・ドル為替レートのシンボル・コードである JPY=X を入力すると検索結果に JPY=X USD/JPY が出るので，ここをクリックすると，円・ドル為替レートのページに行く（例 2.1 参照）．

のデータを集めたものを **2 次元データ**という．また，一般に，2 つ以上の属性についてのデータを集めたものを**多次元データ**という．なお，前章で扱ったデータは，1 つの属性についてデータを集めたものなので **1 次元データ**という．

たとえば，成人男子の身長と体重を集めたデータは，2 次元データであり，ある大学の学生ごとの経済学，英語，統計学，··· の期末試験結果を集めたデータは多次元データである．

3.2　散布図

2 次元データにおいて，観測対象 $i, i = 1, \cdots, n$ から得た 1 つの属性の観測値を x_i，もう 1 つの属性の観測値を y_i としたとき，$x = (x_1, \cdots, x_n)$ と $y = (y_1, \cdots, y_n)$ の間に何らかの関係があるのかを調べるとき，2 次元データ (x_i, y_i), $i = 1, \cdots, n$ を (x, y)-平面上に描いてみると，x と y の関係を視覚的に捉えることができる．2 次元データを (x, y)-平面上に描いた図を，**散布図**という．図 3.1 は，表 3.1 の 2 次元データの散布図を描いたものである．

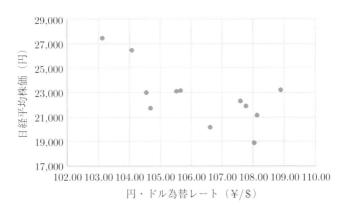

図 3.1　円・ドル為替レートと日経平均株価月次終値（2020 年 1 月 1 日〜2020 年 12 月 1 日）の散布図

例 3.1（散布図の作成）　表 3.1 のデータについてその散布図（図 3.1）を Excel を使って描いてみる．

Excel 操作法 2.4 によって，座標点のグラフを作成すればよい．図 3.2 の

ようにx-座標点のセル範囲とy-座標のセル範囲を選択して，［挿入］タブ
$\Longrightarrow$［グラフ］内の［散布図 (X, Y) またはバブルチャートの挿入］$\boxed{\cdot}$ $\Longrightarrow$
［散布図］$\boxed{\cdot\cdot}$ をクリックする．これで，散布図が作成される．

なお，デフォルト表示では，y-軸の範囲が0〜30,000となっている．こ
れを図3.1のように17,000〜29,000に変更するには，グラフエリア内の
適当なy-軸目盛をダブルクリックする．すると，y-軸目盛の範囲が選択さ

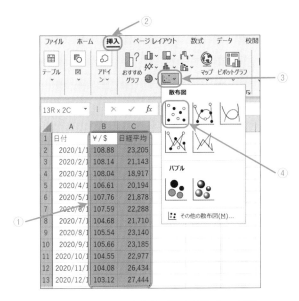

図 3.2 例3.1の入力例（散布図作成の手順）

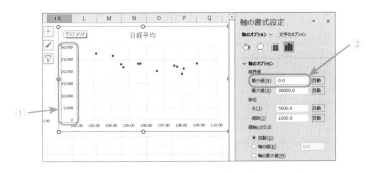

図 3.3 例3.1の入力例（軸目盛り範囲の変更）

れ，右側に「軸の書式設定」ダイアログボックスが表示される．このダイアログボックス内の［軸のオプション］⟹［境界値］，［最小値 (N)］を17000 に変更すればよい（図 3.3 参照）．　　　　　　　　　　　　□

3.3　共分散と相関係数

2 次元データについて，2 つの属性間の関係のことを，**相関関係**という．一方の属性値の増加に対して，他方の属性値も増加するとき，**正の相関がある**といい，一方の属性値の増加に対して，他方の属性値が減少するときには，**負の相関がある**という．

2 次元データについて正か負の相関があるのかどうかを調べるには，次に定義する共分散が用いられる．

定義 3.1（共分散）

2 次元データ $(x, y) = \{(x_1, y_1), (x_2, y_2), \cdots, (x_n, y_n)\}$ に対して，x の偏差と y の偏差の積の平均を (x, y)-**共分散**という．すなわち，

$$(x, y)\text{-共分散} = [(x - x\text{-平均}) \times (y - y\text{-平均})] \text{ の平均} \tag{3.1}$$

である．(x, y)-共分散を $Cov(x, y)$ と書くことにする [2]．

---

2 次元データ $(x, y) = \{(x_1, y_1), (x_2, y_2), \cdots, (x_n, y_n)\}$ に対して，$\bar{x}$ と $\bar{y}$ を，各々，x と y の平均，つまり，

$$\bar{x} = \frac{x_1 + \cdots + x_n}{n}, \quad \bar{y} = \frac{y_1 + \cdots + y_n}{n}$$

とすると，式 (3.1) より，

$$Cov(x, y) = \frac{(x_1 - \bar{x})(y_1 - \bar{y}) + \cdots + (x_n - \bar{x})(y_n - \bar{y})}{n} \tag{3.2}$$

である．

共分散を求めるには，次の公式を用いてもよい．

---

[2] 英語で共分散を covariance ということから，(x, y)-共分散を $Cov(x, y)$ と書く．

公式 3.1（共分散の公式）
(x, y)-共分散 $= (x \times y)$-平均 $- (x$-平均$) \times (y$-平均$)$.

すなわち,

$$Cov(x, y) = \frac{x_1 y_1 + \cdots + x_n y_n}{n} - \bar{x}\bar{y}.$$

▷ **問 3.1**[*]　共分散の定義（定義 3.1）から，共分散の公式（公式 3.1）が成り立つことを示しなさい.

x_i が平均 $\bar{x}$ より大きいときに，同時に，y_i も平均 $\bar{y}$ より大きいのであれば，$x_i - \bar{x} > 0$ かつ $y_i - \bar{y} > 0$ であるから，$(x_i - \bar{x})(y_i - \bar{y}) > 0$ となる．図で表すと，これは，(x_i, y_i) が図 3.4 の領域 I にあるときである．同様に，x_i が平均 $\bar{x}$ より小さいときに，同時に，y_i も平均 $\bar{y}$ より小さいのであれば，$x_i - \bar{x} < 0$ かつ $y_i - \bar{y} < 0$ であるから，$(x_i - \bar{x})(y_i - \bar{y}) > 0$ となる．これは，(x_i, y_i) が図 3.4 の領域 III にあるときである．一方，x_i が平均 $\bar{x}$ より大きいときに，y_i は平均 $\bar{y}$ より小さい，あるいは，x_i が平均 $\bar{x}$ より小さいときに，y_i は平均 $\bar{y}$ より大きい，すなわち，(x_i, y_i) が図の領域 II，あるいは，

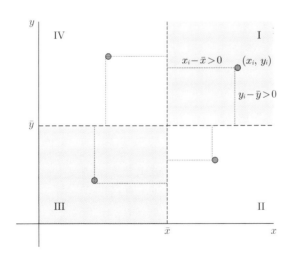

図 3.4　共分散の意味

IV にあるとき $(x_i - \bar{x})(y_i - \bar{y}) < 0$ となる．したがって，共分散が正，すなわち，$Cov(x, y) > 0$ ということは，平均的に $(x_i - \bar{x})(y_i - \bar{y}) > 0$ であり，(x_i, y_i) が図 3.4 の領域 I，あるいは，III にある．すなわち，x がより大きく（小さく）なると，y もより大きく（小さく）なる傾向があることを示している．一方，共分散が負，すなわち，$Cov(x, y) < 0$ ということは，平均的に $(x_i - \bar{x})(y_i - \bar{y}) < 0$ であり，(x_i, y_i) が図 3.4 の領域 II，あるいは，IV にある．すなわち，x がより大きく（小さく）なると，y は，より小さく（大きく）なる傾向があることを示している．そこで，

- $Cov(x, y) > 0 \Longrightarrow (x, y)$ は**正の相関**
- $Cov(x, y) < 0 \Longrightarrow (x, y)$ は**負の相関**
- $Cov(x, y) = 0 \Longrightarrow (x, y)$ は**無相関**

という．

　共分散は，その符号から，正であれば，正の相関，負であれば，負の相関を判定するものであるが，その数値の大小は，意味をなさない．

　たとえば，特定の何人かの身長と体重を測った 2 次元データがあるとする．このとき，(身長，体重) を (m, kg) で測った場合と，(cm, g) で測った場合とで，共分散を比較すると，同じ対象から測定したデータであるのにもかかわらず，後者の場合の共分散は，前者の場合の共分散の $100 \times 1,000 = 100,000$ 倍の値になってしまう．そこで，数値が測定単位によらず，かつ，数値の大小に意味をもたせた相関関係を測る尺度として考案されたものが，**相関係数**である．

定義 3.2（相関係数）

　2 次元データ $(x, y) = \{(x_1, y_1), (x_2, y_2), \cdots, (x_n, y_n)\}$ に対して，その**相関係数**を，

$$\frac{(x, y)\text{-共分散}}{(x \text{ 標準偏差}) \times (y \text{ 標準偏差})} \qquad (3.3)$$

で定義する．式 (3.3) の相関係数を $\rho(x, y)$ と書くことにする[3]．

---

[3] 英語で相関係数を correlation という．この単語から，r をとって，ギリシャ文字の r に相当する ρ（発音は rho）を用いている．

すなわち，$\sigma(x)$ と $\sigma(y)$ を，各々，x と y の標準偏差，つまり

$$\sigma(x) = \sqrt{\frac{(x_1 - \bar{x})^2 + \cdots + (x_n - \bar{x})^2}{n}},$$

$$\sigma(y) = \sqrt{\frac{(y_1 - \bar{y})^2 + \cdots + (y_n - \bar{y})^2}{n}}$$

とし，$Cov(x,y)$ を式 (3.1) で定義した (x,y)-共分散として，

$$\rho(x,y) = \frac{Cov(x,y)}{\sigma(x)\sigma(y)} \tag{3.4}$$

である．

相関係数の重要な性質として，

$$-1 \leq \rho(x,y) \leq 1 \tag{3.5}$$

がある．すなわち，相関係数の値は，区間 $[-1,1]$ 内の値をとる．また，相関係数は，その定義から，共分散が正ならば，相関係数も正となっていて，その値は測定単位によらない．なぜならば，たとえば，(x,y) を (cm, g) で測った場合，(x,y)-共分散 $Cov(x,y)$ の測定単位は cm×g であるが，x 標準偏差 $\sigma(x)$ の測定単位は cm，y 標準偏差 $\sigma(y)$ の測定単位は g であるから，相関係数をとると，分母と分子で測定単位が相殺されるからである．

- $\rho(x,y) > 0$ かつ，その値が 1 に近いほど，正の相関が**強い**，
- $\rho(x,y) < 0$ かつ，その値が -1 に近いほど，負の相関が**強い**，
- $\rho(x,y) = 1$ のとき，正の**完全相関**，
- $\rho(x,y) = -1$ のとき，負の**完全相関**

という．

ここで，正あるいは負の完全相関，すなわち $\rho(X,Y) = \pm 1$ となるのは，(x_i, y_i) が直線関係にある場合で，かつ，そのときに限られる．

▷ **問 3.2***　式 (3.5) を導出しなさい．

ヒント

$$\left\{ \left(\frac{x_1 - \bar{x}}{\sigma(x)} \pm \frac{y_1 - \bar{y}}{\sigma(y)} \right)^2, \cdots, \left(\frac{x_n - \bar{x}}{\sigma(x)} \pm \frac{y_n - \bar{y}}{\sigma(y)} \right)^2 \right\} \quad \text{（複合同順）}$$

の平均を求める.

▷ **問 3.3*** 　正あるいは負の完全相関となるのは，(x_i, y_i) が直線関係にある場合で，かつ，そのときに限られることを示しなさい.

　正の相関がより強いということは，(x, y)-平面上において，散布図が傾き正の直線により近い形状となり，完全相関であれば，(x_i, y_i) がすべて，傾き正の直線上にあるということを意味する.一方，負の相関がより強いということは，(x, y)-平面上において，散布図が傾き負の直線により近い形状となり，完全相関であれば，(x_i, y_i) がすべて，傾き負の直線上にあるということを意味する（図 3.5）.

Excel 操作法 3.1（共分散と相関係数）

　2次元データ (x, y) の共分散と相関係数を求めるには，各々，

=COVARIANCE.P(x 属性値入力範囲, y 属性値入力範囲);

=CORREL(x 属性値入力範囲, y 属性値入力範囲)

とする.

例 3.2（共分散と相関係数） 　表 3.1 のデータについて，円・ドル為替レートと日経平均株価の共分散と相関係数を Excel で求めてみる.

　図 3.6 のように入力すると，共分散 $= -2792.56$，相関係数 $= -0.69$ となる.

3.4　時系列と自己相関 *

　表 3.2 は，2017 年 9 月 1 日から 2022 年 8 月 1 日まで毎月の日経平均株価の終値を順番に並べたものである.このように，同一の観測対象に対して時間を追って観測したデータを**時系列データ**という.

　時系列データの分析で，よく用いられるのは，自己相関分析である.これは，時間を追って並べた時系列データを $x = \{x_1, x_2, \cdots, x_n\}$ とすると，時点を $l, l = 1, 2, \cdots$ ずつずらしたとき，x_t と x_{t+l} との相関関係を調べるものである.

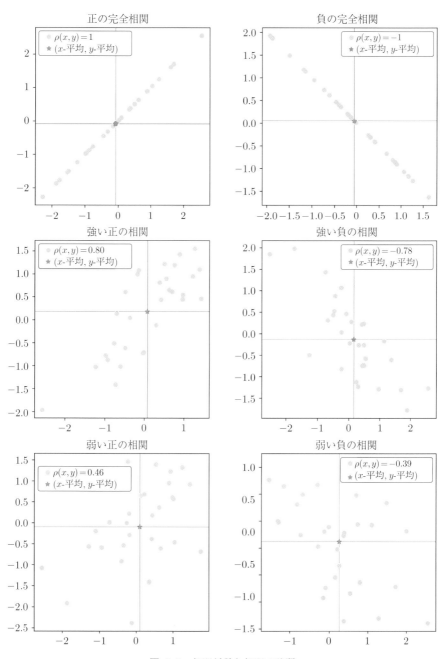

図 3.5 相関係数と相関の強弱

	A	B	C	D	E
1	日付	¥ / \$	日経平均		
2	43831	108.876999	23205.179688	共分散 =	=COVARIANCE.P(B2:B13, C2:C13)
3	43862	108.136002	21142.960938		
4	43891	108.035004	18917.009766	相関係数 =	=CORREL(B2:B13,C2:C13)
5	43922	106.610001	20193.689453		
6	43952	107.760002	21877.890625		
7	43983	107.589996	22288.140625		
8	44013	104.682999	21710		
9	44044	105.535004	23139.759766		
10	44075	105.664001	23185.119141		
11	44105	104.554001	22977.130859		
12	44136	104.082001	26433.619141		
13	44166	103.121002	27444.169922		

図 3.6　例 3.2 の入力例

表 3.2　日経平均株価月次終値（2017 年 9 月～2022 年 8 月）
出典：yahoo! finance (https://finance.yahoo.com)

日付 日経平均	2017/9/1 20,356	2017/10/1 22,012	2017/11/1 22,725	2017/12/1 22,765	2018/1/1 23,098	2018/2/1 22,068
日付 日経平均	2018/3/1 21,454	2018/4/1 22,468	2018/5/1 22,202	2018/6/1 22,305	2018/7/1 22,554	2018/8/1 22,865
日付 日経平均	2018/9/1 24,120	2018/10/1 21,920	2018/11/1 22,351	2018/12/1 20,015	2019/1/1 20,773	2019/2/1 21,385
日付 日経平均	2019/3/1 21,206	2019/4/1 22,259	2019/5/1 20,601	2019/6/1 21,276	2019/7/1 21,522	2019/8/1 20,704
日付 日経平均	2019/9/1 21,756	2019/10/1 22,927	2019/11/1 23,294	2019/12/1 23,657	2020/1/1 23,205	2020/2/1 21,143
日付 日経平均	2020/3/1 18,917	2020/4/1 20,194	2020/5/1 21,878	2020/6/1 22,288	2020/7/1 21,710	2020/8/1 23,140
日付 日経平均	2020/9/1 23,185	2020/10/1 22,977	2020/11/1 26,434	2020/12/1 27,444	2021/1/1 27,663	2021/2/1 28,966
日付 日経平均	2021/3/1 29,179	2021/4/1 28,813	2021/5/1 28,860	2021/6/1 28,792	2021/7/1 27,284	2021/8/1 28,090
日付 日経平均	2021/9/1 29,453	2021/10/1 28,893	2021/11/1 27,822	2021/12/1 28,792	2022/1/1 27,002	2022/2/1 26,527
日付 日経平均	2022/3/1 27,821	2022/4/1 26,848	2022/5/1 27,280	2022/6/1 26,393	2022/7/1 27,802	2022/8/1 28,547

定義 3.3（自己相関係数）

$$\frac{\{x_1,\cdots,x_{n-1}\} と \{x_2,\cdots,x_n\} の共分散}{\{x_1,\cdots,x_n\} の分散}$$
$$= \frac{((x_1-\bar{x})(x_2-\bar{x})+\cdots+(x_{n-1}-\bar{x})(x_n-\bar{x}))/(n-1)}{((x_1-\bar{x})^2+\cdots+(x_n-\bar{x})^2)/n} \tag{3.6}$$

を**ラグ**（lag，あるいは**遅れ**）1 の**自己相関係数**という．ただし，ここで，$\bar{x}$ は，x の平均で，$\bar{x}=\dfrac{x_1+\cdots+x_n}{n}$ である．

これは，時系列データ x について，$\{x_1,\cdots,x_{n-1}\}$ と時点を 1 つずらした $\{x_2,\cdots,x_n\}$ との相関係数と見なすことができる（通常の相関係数，式 (3.3) と異なることに注意）．ラグ 1 の自己相関係数の値が正 (>0) であれば，時点 t でのデータ値が大きいとき，次の時点 $t+1$ でもデータ値が大きくなる傾向があることを示している．逆に，ラグ 1 の自己相関係数の値が負 (<0) であれば，時点 t でのデータ値が大きいとき，次の時点 $t+1$ では，データ値が小さくなる傾向があることになる．式 (3.6) と同様に，一般に，ラグ $l=h$ の自己相関係数は次で定義される．

$$r_h = \frac{\{x_1,\cdots,x_{n-h}\} と \{x_{1+h},\cdots,x_n\} の共分散}{\{x_1,\cdots,x_n\} の分散}$$
$$= \frac{((x_1-\bar{x})(x_{1+h}-\bar{x})+\cdots+(x_{n-h}-\bar{x})(x_n-\bar{x}))/(n-h)}{((x_1-\bar{x})^2+\cdots+(x_n-\bar{x})^2)/n}. \tag{3.7}$$

ラグの値 h が大きい場合，時間の隔たった 2 時点間の相関関係を示すことになるので，一般的には，h が大きくなるにつれて，自己相関係数は 0 に近づくのではないかと考えられる．しかしながら，たとえば，各月のアイスクリームの売上，エアコンの売上，灯油の売上など，季節性をもつものは，1 年ごとに周期性をもつため，自己相関は必ずしも 0 には近づかない．つまり，ラグ h と自己相関 ρ の関係はそう単純なものではない．そこで，両者の関係についても分析する必要がある．

ラグと自己相関係数のグラフ (h, r_h) を**コレログラム**（correlogram）という．

例 3.3（自己相関係数）　Excel を用いて表 3.2 の時系列データ（2017 年 9 月 1 日～2022 年 8 月 1 日日経平均株価月次終値）から，ラグ 1 とラグ 2 の自己相関係数を求めてみる．

この場合，図 3.7 のように入力すると，ラグ 1 相関係数 = 0.918，ラグ 2 相関係数 = 0.845 となる．

ただし，この例では，セル範囲 B2:B61 に表 3.2 の終値データを入力し，これを元に C2:C60 にラグ 1 のデータ，D2:D59 にラグ 2 のデータを入力し，セル H2 で終値の平均を求め，セル範囲 E2:E60 で，(終値偏差) × (終値ラグ 1 偏差)，セル範囲 F2:F59 で，(終値偏差) × (終値ラグ 2 偏差) を求めている．

	A	B	C	D	E	F	G	H
1	日付	終値	終値ラグ1	終値ラグ2	終値偏差×終値ラグ1偏差	終値偏差×終値ラグ2偏差		
2	42979	20356.279297	22011.609375	22724.960938	=($B2-$H$2)*(C2-$H$2)	=($B2-$H$2)*(D2-$H$2)	終値平均 =	=AVERAGE(B2:B61)
3	43009	22011.609375	22724.960938	22764.939453	=($B3-$H$2)*(C3-$H$2)	=($B3-$H$2)*(D3-$H$2)		
4	43040	22724.960938	22764.939453	23098.289063	=($B4-$H$2)*(C4-$H$2)	=($B4-$H$2)*(D4-$H$2)	ラグ1 自己相関係数	=SUM(E2:E60)/59/VAR.P(B2:B61)
5	43070	22764.939453	23098.289063	22068.240234	=($B5-$H$2)*(C5-$H$2)	=($B5-$H$2)*(D5-$H$2)	ラグ2 自己相関係数	=SUM(F2:F59)/59/VAR.P(B2:B61)
6	43101	23098.289063	22068.240234	21454.300781	=($B6-$H$2)*(C6-$H$2)	=($B6-$H$2)*(D6-$H$2)		
7	43132	22068.240234	21454.300781	22467.869141	=($B7-$H$2)*(C7-$H$2)	=($B7-$H$2)*(D7-$H$2)		
8	43160	21454.300781	22467.869141	22201.820313	=($B8-$H$2)*(C8-$H$2)	=($B8-$H$2)*(D8-$H$2)		
9	43191	22467.869141	22201.820313	22304.509766	=($B9-$H$2)*(C9-$H$2)	=($B9-$H$2)*(D9-$H$2)		
10	43221	22201.820313	22304.509766	22553.720703	=($B10-$H$2)*(C10-$H$2)	=($B10-$H$2)*(D10-$H$2)		

図 3.7　例 3.3 の入力例 [4]

▷ **問 3.4**　表 3.2 のデータから図 3.8 のグラフを描きなさい．

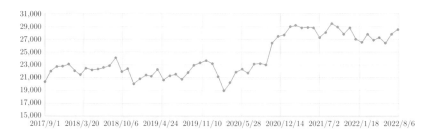

図 3.8　時系列データ：日経平均株価月次終値（2017 年 9 月～2022 年 8 月）

---

[4] この例では，[数式] タブ ⇒ [数式の表示] としているので，日付がタイム・スタンプ表示になっている．[数式の表示] をクリックして，元の結果表示に戻すと，通常の日付表示になる．

▷ **問 3.5** 表 3.2 のデータから図 3.9 のコレログラム $\{(h, r_h); h = 1, 2, \cdots, 10\}$ を描きなさい.

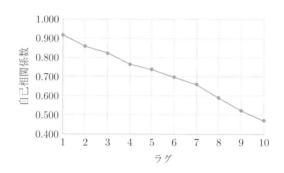

図 3.9 コレログラム

3.5 回帰分析

2 次元データ $(x, y) = \{(x_1, y_1,), \cdots, (x_n, y_n)\}$ において,相関関係がある場合に,y を x の 1 次式であると想定する.すなわち,a, b を定数として,

$$y = a + bx \tag{3.8}$$

とすると,(x, y) の関係を把握しやすい.

定義 3.4（線形回帰分析）

2 次元データ (x, y) から,1 次式 (3.8) の係数 a, b を推計することを,**線形回帰分析**といい,式 (3.8) を **線形回帰式**という.また,線形回帰式の係数 a, b を**回帰係数**という.

---

2 次元データ (x, y) では,完全相関の場合を除いて,式 (3.8) が成立するわけではないので,実際のデータと式 (3.8) は乖離する.そこで,回帰係数の推計では,実際のデータの回帰式 (3.8) からの乖離ができるだけ小さくなるように推計する.

この乖離を最小化して回帰係数を推計する方法に**最小二乗法**がある.最小二乗法では,実データ $x_i, i = 1, \cdots, n$ を回帰式 (3.8) にあてはめた $a + bx_i$

と実データ y_i の差の二乗和を最小化するように回帰係数 a, b を決定する．すなわち，

$$L(a, b) = \{y_1 - (a + bx_1)\}^2 + \cdots + \{y_n - (a + bx_n)\}^2 \tag{3.9}$$

を最小化するように a, b を定める．式 (3.9) を最小化する a, b は，次で与えられる（導出は 3.6 節を参照）．

公式 3.2（回帰係数）

$$\begin{cases} a = & \bar{y} - b\bar{x}, \\ b = & \dfrac{(x, y)\text{-共分散}}{x\text{-分散}}. \end{cases} \tag{3.10}$$

ただし，$\bar{x}$ と $\bar{y}$ は，x の平均と y の平均，つまり

$$\bar{x} = \frac{x_1 + \cdots + x_n}{n}, \quad \bar{y} = \frac{y_1 + \cdots + y_n}{n}$$

である．

回帰係数を式 (3.10) によって定めた $y = a + bx$ の (x, y)-平面上でのグラフを**回帰直線**という（図 3.10）．

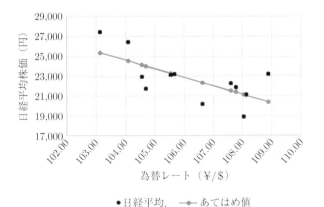

図 3.10　表 3.1 のデータの散布図と回帰直線

$y = a + bx$ に式 (3.10) の a を代入すると,

$$y = \bar{y} - b\bar{x} + bx$$
$$= \bar{y} + b(x - \bar{x})$$

となるので, 回帰直線は, 平均 $(\bar{x}, \bar{y})$ を通る傾き b の直線となる.

回帰直線の式に実データ x_i をあてはめた

$$\hat{y}_i = a + bx_i = \bar{y} + b(x_i - \bar{x}) \tag{3.11}$$

を**あてはめ値**といい, 実データ y_i とあてはめ値の差 $e_i = y_i - \hat{y}_i$ を**残差**という.

残差とあてはめ値の平均は, それぞれ 0 と $\bar{y}$ になる. すなわち, 次が成立する.

$$\frac{e_1 + \cdots + e_n}{n} = 0, \quad \frac{\hat{y}_1 + \cdots + \hat{y}_n}{n} = \bar{y}. \tag{3.12}$$

▷ **問 3.6**∗ 式 (3.12) が成立することを示しなさい.

y の分散は次のように分解できる.

y-分散 ＝ 残差分散 ＋ あてはめ値分散.

言い換えると, 上式の片々にデータ数 n を掛けて, 次式が成立している.

$$(y_1 - \bar{y})^2 + \cdots + (y_n - \bar{y})^2$$
$$= \left(e_1^2 + \cdots + e_n^2\right) + \left((\hat{y}_1 - \bar{y})^2 + \cdots + (\hat{y}_n - \bar{y})^2\right). \tag{3.13}$$

▷ **問 3.7**∗ 式 (3.13) が成立することを示しなさい.

定義 3.5（決定係数）

$$1 - \frac{\text{残差分散}}{y\text{-分散}} = \frac{\text{あてはめ値分散}}{y\text{-分散}}$$

を**決定係数**とよび, これを R^2 で表す.

すなわち,

$$R^2 = 1 - \frac{e_1^2 + \cdots + e_n^2}{(y_1 - \bar{y})^2 + \cdots + (y_n - \bar{y})^2} = \frac{(\hat{y}_1 - \bar{y})^2 + \cdots + (\hat{y}_n - \bar{y})^2}{(y_1 - \bar{y})^2 + \cdots + (y_n - \bar{y})^2}$$

である.

式 (3.13) より，決定係数 R^2 の値は区間 $[0,1]$ に値をとり，1 に近いほど残差の二乗和 $e_1^2 + \cdots + e_n^2$ が小さい，すなわち，実データに対する回帰直線のあてはまりがよいことになる．決定係数については，次の公式が成立する．

公式 3.3（決定係数）

$$決定係数 = (x, y)\text{-相関係数の二乗}.$$

▷ **問 3.8** * 公式 3.3 を導出しなさい．
ヒント 式 (3.11) と公式 3.2 を用いる．

例 3.4（回帰係数と決定係数） Excel を使って表 3.1 データから公式 3.2 の回帰係数と決定係数を求めてみる．

図 3.11 のように入力すると，回帰係数 $b = -870.03$，$a = 115124.75$，決定係数 $= 0.47$ となる．

	A	B	C	D	E
1	日付	¥/$	日経平均		
2	43831	108.876999	23205.179688		
3	43862	108.136002	21142.960938	回帰係数	
4	43891	108.035004	18917.009766	b=	=COVARIANCE.P(B2:B13,C2:C13)/VAR.P(B2:B13)
5	43922	106.610001	20193.689453	a=	=AVERAGE(C2:C13)-E4*AVERAGE(B2:B13)
6	43952	107.760002	21877.890625		
7	43983	107.589996	22288.140625	決定係数 =	=CORREL(B2:B13,C2:C13)^2
8	44013	104.682999	21710		
9	44044	105.535004	23139.759766		
10	44075	105.664001	23185.119141		
11	44105	104.554001	22977.130859		
12	44136	104.082001	26433.619141		
13	44166	103.121002	27444.169922		
14					

図 3.11 例 3.4 の入力例

▷ **問 3.9** 表 3.1 のデータの散布図に回帰直線を書き加えたグラフ（図 3.10）を描きなさい．

3.6 公式 3.2（回帰係数の公式）の導出 *

$L(a, b)$ は b の値を所与とすると a の二次関数であることに注目して，平方完成すると，

$$
\begin{aligned}
L(a, b) &= (y_1 - a - bx_1)^2 + \cdots + (y_n - a - bx_n)^2 \\
&= \left(a^2 - 2a(y_1 - bx_1) + (y_1 - bx_1)^2\right) \\
&\quad + \cdots + \left(a^2 - 2a(y_n - bx_n) + (y_n - bx_n)^2\right) \\
&= na^2 - 2a\left((y_1 + \cdots + y_n) - b(x_1 + \cdots + x_n)\right) \\
&\quad + (y_1 - bx_1)^2 + \cdots + (y_n - bx_n)^2 \\
&= n\left(a^2 - 2a(\bar{y} - b\bar{x})\right) \\
&\quad + (y_1 - bx_1)^2 + \cdots + (y_n - bx_n)^2 \\
&= n\left(a - (\bar{y} - b\bar{x})\right)^2 - n(\bar{y} - b\bar{x})^2 \\
&\quad + (y_1 - bx_1)^2 + \cdots + (y_n - bx_n)^2.
\end{aligned}
$$

よって，b の値を所与とすると，$L(a, b)$ は

$$
a = \bar{y} - b\bar{x}
$$

で最小化される．一方，

$$
L(\bar{y} - b\bar{x}, b) = (y_1 - \bar{y} - b(x_1 - \bar{x}))^2 + \cdots + (y_n - \bar{y} - b(x_n - \bar{x}))^2
$$

は，b の二次関数であるから，平方完成すると，

$$
\begin{aligned}
L(\bar{y} - b\bar{x}, b) &= b^2\left((x_1 - \bar{x})^2 + \cdots + (x_n - \bar{x})^2\right) \\
&\quad - 2b\left((x_1 - \bar{x})(y_1 - \bar{y}) + \cdots + (x_n - \bar{x})(y_n - \bar{y})\right) \\
&\quad + (y_1 - \bar{y})^2 + \cdots + (y_n - \bar{y})^2 \\
&= \left((x_1 - \bar{x})^2 + \cdots + (x_n - \bar{x})^2\right) \\
&\quad \times \left(b^2 - 2b\frac{(x_1 - \bar{x})(y_1 - \bar{y}) + \cdots + (x_n - \bar{x})(y_n - \bar{y})}{(x_1 - \bar{x})^2 + \cdots + (x_n - \bar{x})^2}\right) \\
&\quad + (y_1 - \bar{y})^2 + \cdots + (y_n - \bar{y})^2
\end{aligned}
$$

$$
= \left((x_1 - \bar{x})^2 + \cdots + (x_n - \bar{x})^2 \right)
$$
$$
\times \left(b - \frac{(x_1 - \bar{x})(y_1 - \bar{y}) + \cdots + (x_n - \bar{x})(y_n - \bar{y})}{(x_1 - \bar{x})^2 + \cdots + (x_n - \bar{x})^2} \right)^2
$$
$$
- \frac{\left((x_1 - \bar{x})(y_1 - \bar{y}) + \cdots + (x_n - \bar{x})(y_n - \bar{y}) \right)^2}{(x_1 - \bar{x})^2 + \cdots + (x_n - \bar{x})^2}
$$
$$
+ (y_1 - \bar{y})^2 + \cdots + (y_n - \bar{y})^2
$$

であるから, $L(\bar{y} - b\bar{x}, b)$ は,

$$
b = \frac{(x_1 - \bar{x})(y_1 - \bar{y}) + \cdots + (x_n - \bar{x})(y_n - \bar{y})}{(x_1 - \bar{x})^2 + \cdots + (x_n - \bar{x})^2} = \frac{(x, y)\text{-共分散}}{x\text{-分散}}
$$

で最小化される. 以上により, 公式 3.2 が成立する.

第4章　確率

　将来の出来事は，一般に不確実である．不確実性を科学的に評価するには確率を理解する必要がある．また，統計的な推論は確率に基づいて行われる．

4.1　標本空間と確率

4.1.1　試行と標本空間

定義 4.1（標本空間と事象）

- サイコロを振って出る目を確かめるとか，コインを投げて表が出るか裏が出るかを確かめるとか，明日の天気やある株式の株価などのように前もって結果のわかっていない現象の観測や実験のことを**試行**という．
- 試行の一つひとつの結果を**根元事象**という（図 4.1）．
- 根元事象の全体集合を**全事象**あるいは**標本空間**という．標本空間を表す記号には，通常 Ω（ギリシャ文字のオメガ）が用いられる．
- 標本空間の部分集合を**事象**という（図 4.2）．
- 事象を考えるうえでは，便宜上，まったく要素を含まない空の集合を取り扱うことがあり，これを**空事象**という．空事象を表す記号には，$\emptyset$ が用いられる．

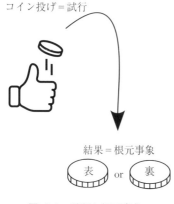

コイン投げ＝試行

結果＝根元事象

表　or　裏

図 4.1　試行と根元事象

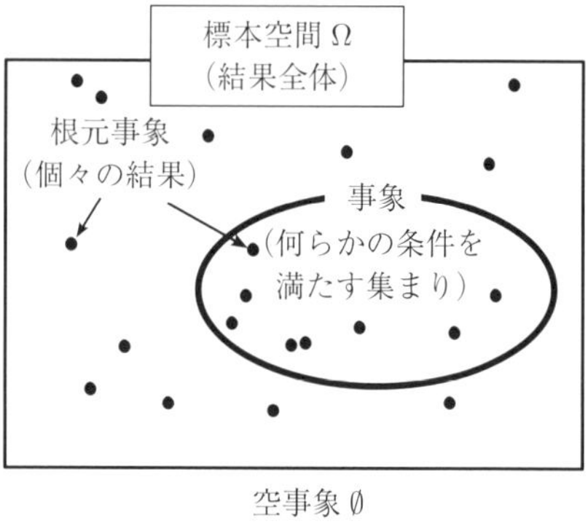

標本空間 Ω
（結果全体）

根元事象
（個々の結果）

事象
（何らかの条件を
満たす集まり）

空事象 ∅

図 4.2　事象の概念

例 4.1（標本空間と事象）

(1) コインを投げて裏が出るか表が出るかを観測するという試行を考える．この場合，標本空間，根元事象，事象は各々次のとおりである．

> 標本空間 ： Ω = { 表が出る, 裏が出る }.
> 根元事象 ： { 表が出る }, { 裏が出る }.
> 　事象　 ： ∅, { 表が出る }, { 裏が出る },
> 　　　　　　　{ 表か裏のいずれかが出る }
> 　　　　　　= { 表が出る } ∪ { 裏が出る } = Ω. [1]

(2) 明日の天気を観測するという試行を考える．ただし，晴れか，曇りか，雨しか起こらないとする．この場合，標本空間，根元事象，事象は各々次のとおりである．

> 標本空間 ： Ω = { 晴れ, 曇り, 雨 }.
> 根元事象 ： { 晴れ }, { 曇り }, { 雨 }.
> 　事象　 ： Ω, ∅, { 晴れ }, { 曇り }, { 雨 },
> 　　　　　　　{ 晴れ } ∪ { 曇り }, { 晴れ } ∪ { 雨 },
> 　　　　　　　{ 雨 } ∪ { 曇り }.

---

[1] 記号 ∪ は，あるいは (or) を表す．

明日の降水確率は50%というように，前もって結果の分かっていない事象の起こりやすさを表現するには，確率が用いられる．ところで，確率とは一体，何であろうか？

4.1.2 確率

コインを投げて表が出るか裏が出るかを観測するという実験をする際に，「表の出る確率は，いくらとなるか」という質問をしたとする．大方の人は，この質問に対して，表が出る確率 $= \frac{1}{2}$，裏が出る確率 $= \frac{1}{2}$ と答えるかもしれない．この答えは，表も裏も出ることが同様に確からしいという推測に基づいていると思われる．しかしながら，真の確率が $\frac{1}{2}$ であることを証明することは不可能である [2]．一方，私が，表が出る確率 $= \frac{1}{3}$，裏が出る確率 $= \frac{2}{3}$ と答えたとしても，このことを絶対的に間違っているとすることも不可能である．そこで，近代的な確率論では，事象の確率として，唯一無二の数値があるとするのではなく，事象に対して一意な数値を割り当てる規則が，確率として妥当な性質を満たすならば，それらの規則によって割り当てられた数値をすべて確率と見なすことにしたのである．このように妥当な規則によって確率を定義する方法を**公理的確率論**とよぶ．

定義 4.2（確率の定義）

所与の標本空間 Ω に対して，各事象に数を対応させる規則 $\mathcal{P}$ が次の (1)〜(3) を満たすとする．

(1) 全事象の確率は $1 : \mathcal{P}(\Omega) = 1$.

(2) 事象 E_1 と事象 E_2 に対して，それらが同時に起こり得ないのであれば [3]，事象 E_1 あるいは事象 E_2 のどちらかが起こる確率は，各々

---

[2] 表が出る確率 $= \frac{1}{2}$，裏が出る確率 $= \frac{1}{2}$ が真であるならば，コインを投げて表が出るか裏が出るかを観測する試行を繰り返すという実験をした場合，試行の回数を多くすると表の出る回数が試行の回数の約半数となる．このことは数学的に証明できる（4.6 節「**大数の法則**」を参照）．しかし，このことから，表の出る真の確率と裏の出る真の確率が各々 $\frac{1}{2}$ であるとはいえない．なぜならば，この証明では，そもそも，表が出る確率と裏が出る確率が各々 $\frac{1}{2}$ であることが，前提となっているからである．また，実験結果から，表が出る確率が $\frac{1}{2}$ ではないかどうかを確率的に判断することは可能であるが，この判定が間違っていることを完全に排除することはできない（6.3 節「**適合度の検定**」を参照）．

の事象の確率の和：

$$\mathcal{P}(E_1 \cup E_2) = \mathcal{P}(E_1) + \mathcal{P}(E_2).$$

(3) すべての事象 E に対して，その確率は非負：$\mathcal{P}(E) \geq 0$.

このとき，$\mathcal{P}$ を**確率測度**といい，各事象 $E \subseteq \Omega$ に対して，その対応値 $\mathcal{P}(E)$ を E の**確率**という [4].

例 4.2（確率）　コインを投げて裏が出るか表が出るかを観測するという試行を考える.

$$\mathcal{P}(\{\text{ 表が出る }\}) = \frac{2}{3}, \ \mathcal{P}(\{\text{ 裏が出る }\}) = \frac{1}{3}$$

とすれば，

$$\mathcal{P}(\Omega) = \mathcal{P}(\{\text{ 裏が出る }\} \cup \{\text{ 表が出る }\})$$
$$= \mathcal{P}(\{\text{ 表が出る }\}) + \mathcal{P}(\{\text{ 裏が出る }\}) = 1$$

であるから，この場合の $\mathcal{P}$ は，定義 4.2 の (1)〜(3) をすべて満たすので，

$$\mathcal{P}(\{\text{ 表が出る }\}) = \frac{2}{3}, \ \mathcal{P}(\{\text{ 裏が出る }\}) = \frac{1}{3}$$

は確率となる.

4.1.3　確率変数

　事象は集合であるが，必ずしも数値からなる集合とは限らないので，一般にこれをそのままの形で扱うことは難しい．たとえば，コンピュータで事象を認識させたうえで，何らかの分析を行うことを考えた場合，何らかの形で

---

[3] 事象 E_1 と事象 E_2 が同時に生起することはないことを，事象 E_1 と事象 E_2 は（互いに）**排反**であるという．このことを，かつ (and) を表す記号 $\cap$ を用いて，$E_1 \cap E_2 = \emptyset$ と表す.

[4] 確率の定義（定義 4.2）は，標本空間に対する事象の数が有限個である場合には十分であるが，そうでない場合には不十分である．より一般的な定義については，岩城 (2008) などを参照してほしい.

確率変数 X

根元事象 ω		実現値 $X(\omega)$
{ 1 の目が出る }	$\Longrightarrow$	1
{ 2 の目が出る }	$\Longrightarrow$	2
{ 3 の目が出る }	$\Longrightarrow$	3
{ 4 の目が出る }	$\Longrightarrow$	4
{ 5 の目が出る }	$\Longrightarrow$	5
{ 6 の目が出る }	$\Longrightarrow$	6

図 4.3 サイコロ投げの試行に対応した確率変数

事象を数値に置き換える必要がある．したがって，事象に対して数値を割り当てたうえで，数値として事象を識別する．また，このように数値で事象を取り扱ったほうが，数学的扱いも楽になる．そこで登場するのが，確率変数である．

たとえば，サイコロを投げるという試行の結果である根元事象, { 1 の目が出る }, { 2 の目が出る }, $\cdots$, { 6 の目が出る } に，各々 $1, 2, \cdots, 6$ という数を割り当てる規則を X で表して，

$$X = \begin{cases} 1 & \Leftarrow \{\,1\text{ の目が出る}\,\}, \\ 2 & \Leftarrow \{\,2\text{ の目が出る}\,\}, \\ \vdots & \\ 6 & \Leftarrow \{\,6\text{ の目が出る}\,\}, \end{cases}$$

とすれば，$X = 1$ ならば，{ 1 の目が出る } という事象を表すことになり，X の値によって，事象が表現できることになる．

定義 4.3（確率変数）

　根元事象 ω に数 $X(\omega)$ を割り当てる規則 X を，**確率変数**とよび，$X(\omega)$ の値を X の**実現値**という（図4.3）．

定義 4.3 を言い換えるならば，**確率変数**とは，試行の結果によって値の定まる変数ということになる．

先のサイコロ投げの試行に対応した確率変数 X の実現値は，$\{1, 2, 3, 4, 5, 6\}$ であり，各実現値が生起する確率が同様に確からしいとすると $X = 1$，$X = 2, \cdots, X = 6$ となる確率は，各々 $\dfrac{1}{6}$ となる．

　一般に，確率変数の実現値が 1 となる確率や，実現値が，ある区間，たとえば，$(2, 4]$，すなわち，2 より大で 4 以下となる確率を

$$\Pr[X = 1], \qquad \Pr[2 < X \le 4]$$

などと表す [5]．

> **例 4.3（確率変数）**　コイン投げの試行において，
>
> $$X = \begin{cases} 1 & \Leftarrow 表が出る \\ 0 & \Leftarrow 裏が出る \end{cases}$$
>
> とすると X は確率変数であり，表が出る確率 $= \dfrac{2}{3}$，裏が出る確率 $= \dfrac{1}{3}$ とすると，
>
> $$\Pr[X < 0] = 0, \ \Pr[X = 0] = \frac{1}{3}, \ \Pr[X < 1] = \frac{1}{3},$$
> $$\Pr[X = 1] = \frac{2}{3}, \ \Pr[0 < X \le 1] = \frac{2}{3}, \ \Pr[X \le 1] = 1$$
>
> である．

　例 4.3 から明らかなように，確率変数の意義は，確率変数を導入して，標本空間上の一般的な集合である事象と数を対応させることによって，事象と確率の対応を数と確率の対応に置き換えることにある．すなわち，所与の標本空間に対して，確率変数を定義しておけば，事象の生起確率についてさまざまな操作を行う場合，いちいち元の事象に立ち返らなくても，数である実現値の生起確率の操作で済ませられる．

！注 4.1　所与の標本空間 Ω に対する確率変数は唯一ではない．たとえば，例 4.3 において，

$$X = \begin{cases} -10 & \Leftarrow 表が出る \\ 100 & \Leftarrow 裏が出る \end{cases}$$

としても，X は確率変数となる．

　以下では，

---

[5] Pr は英語の probability（確率）を略記したものである．

標本空間 Ω, 確率変数 X, 確率測度 $\mathcal{P}$

が与えられているとする.

4.1.4 累積分布関数

任意の数 $a, b\ (a < b)$ に対して,

$$\Pr[a < X \le b] = \Pr[X \le b] - \Pr[X \le a] \tag{4.1}$$

となっている（図 4.4）.

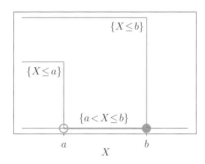

図 4.4 $\Pr[a < X \le b] = \Pr[X \le b] - \Pr[X \le a]$

▷ **問 4.1** 式 (4.1) が成立することを確率の定義（定義 4.2）を使って示しなさい.

式 (4.1) からわかることは, 任意の数 x に対して, $\Pr[X \le x]$ の値がわかっていたとすると, 任意の数 a, b に対して, $\Pr[a < X \le b]$ が求められるということである.

定義 4.4（累積分布関数）

数 x に確率変数 X の実現値が x 以下となる確率 $\Pr[X \le x]$ を対応させる関数 F, すなわち,

$$F(x) = \Pr[X \le x]$$

を確率変数 X の **累積分布関数**, あるいは単に **分布関数** という.

　言い換えると，分布関数さえわかっていれば，確率変数 X の実現値が任意の区間に入る確率を求められることになる[6].

例 4.4（分布関数のグラフ）　例 4.3 で定義した確率変数 X に対して，

$$\Pr[X=0] = \frac{1}{3}, \quad \Pr[X=1] = \frac{2}{3} \tag{4.2}$$

とすると，分布関数のグラフは図 4.5 となる．

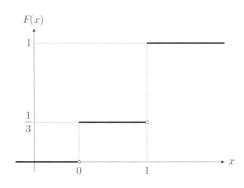

図 4.5　例 4.3 の確率変数の分布関数

4.2　確率変数と確率分布

4.2.1　離散型確率変数

定義 4.5（離散型確率変数）

　例 4.3 の確率変数のように，実現値が可付番個[7] となる確率変数を**離散型**確率変数という．

　すなわち，確率変数 X が離散型であるとは，$x_i, i = 1, 2, \cdots$ を数として，実現値が

---

[6] $\Pr[X < a]$ については，$F\left(a - \frac{1}{n}\right)$ $(n \to \infty)$ で求まる．$\Pr[X > a]$ については，$\Pr[X > a] = 1 - F(a)$ となる．

[7] 集合の各要素に番号を付けて数え上げられるとき，その集合は，**可付番**であるという．いまの場合，各実現値に番号を振って順番に数えられるということを意味している．

$$X = x_i, \quad i = 1, \cdots$$

と表され，$p_i = \Pr[X = x_i]$, $i = 1, 2, \cdots$ としたとき，確率 p_i, $i = 1, 2, \cdots$ が

$$p_i \geq 0, \qquad p_1 + p_2 + \cdots = 1$$

を満たすことを意味する．

　確率変数 X が離散型であるとき，実現値とその確率の組 (x_i, p_i), $i = 1, 2, \cdots$ を X の**確率分布**とよぶ（図 4.6）．

図 4.6　離散型確率変数と確率分布の例

定義 4.6（ベルヌーイ分布）

$$X = \begin{cases} 1, & \text{確率 } p \\ 0, & \text{確率 } 1 - p, \qquad 0 < p < 1 \end{cases}$$

であるとき，X はパラメータ p の**ベルヌーイ（Bernoulli）分布**に従っているといい，記号で $X \sim \mathrm{Be}(p)$ と表す（図 4.7）．

　例 4.3 の確率変数は，その定義から明らかなようにベルヌーイ分布に従っている．また，その確率分布が式 (4.2) であるとすると，$X \sim \mathrm{Be}\left(\dfrac{2}{3}\right)$ と表される．

4.2.2　連続型確率変数

　次に，実現値が，ある数の区間において任意の値をとる場合の確率変数について考える．

　4.1 節で取り上げたサイコロ投げの試行に対応した確率変数 X では，X の各実現値 $\{1, 2, 3, 4, 5, 6\}$ が各々確率 $\dfrac{1}{6}$ で生起していた（図 4.8）．

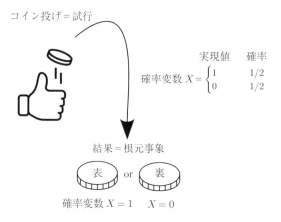

図 **4.7**　ベルヌーイ分布：$X \sim \mathrm{Be}\,(0.5)$

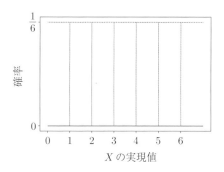

図 **4.8**　$X = \{1, 2, 3, 4, 5, 6\}$ の生起確率

　では，0 以上 6 以下の数の区間 $[0, 6]$ から任意の数を，すべて同様の割合で
ランダムに取り出すという試行を考えて，それに対応した確率変数を考えた
場合，その実現値の生起確率は，どのようになるだろうか？

定義 4.7（一様乱数）

　所与の数の区間 $[a, b]$ おいて，その中から任意の数 x をランダムに選
ぶという試行を考える．ただし，任意の数 x $(a \leq x \leq b)$ について，そ
の数が選ばれることが同様に確からしいとする．このようにしてランダ
ムに選ばれる数を，$[a, b]$ 上の**一様乱数**という．

$[0, 6]$ 上の一様乱数を取り出すことに対する確率変数を X とすると，その実現値は，区間 $[0, 6]$ 内の任意の数とするのが自然だろう．このとき，たとえば，$X = 3.5$ となる確率を考えてみる．実現値が $[0, 6]$ 内の任意の数であるから，$\Pr[0 \leq X \leq 6] = 1$ である．$[0, 6]$ 内のどの値を取り出すことも同様に確からしいとしているので，実現値が $3 \leq X \leq 4$ となる確率は，区間 $[0, 6]$ の長さ 6 に対する区間 $[3, 4]$ の長さ 1 の割合，すなわち，$\frac{1}{6}$ と考えるのが自然である．したがって，$\Pr[3 \leq X \leq 4] = \frac{1}{6}$ である．

図 4.8 に対応して，このことを図で表現してみよう．区間 $[0, 6]$ 上で高さ $\frac{1}{6}$ の長方形を考えると面積が 1 であるから，これを全確率とすれば，$\{3 \leq X \leq 4\}$ となる確率は，底辺が $[3, 4]$，高さが $\frac{1}{6}$ の長方形の面積で表されることになる（図 4.9(a)）．一方，$3 < 3.5 < 4$ であるから，

$$\Pr[X = 3.5] < \Pr[3 \leq X \leq 4] = \frac{4-3}{6-0} = \frac{1}{6}$$

となる．

同様にして考えると，$3.25 < 3.5 < 3.75$ であるから，

$$\Pr[X = 3.5] < \Pr[3.25 \leq X \leq 3.75] = \frac{3.75 - 3.25}{6 - 0} = \frac{0.5}{6} = \frac{1}{12}$$

となる（図 4.9(b)）．

さらに同様にして，n を任意の自然数[8]とすると，$3.5 - \frac{1}{2n} < 3.5 < 3.5 + \frac{1}{2n}$ であるから，

$$\Pr[X = 3.5] < \Pr\left[3.5 - \frac{1}{2n} \leq X \leq 3.5 + \frac{1}{2n}\right]$$
$$= \frac{\left(3.5 + \frac{1}{2n}\right) - \left(3.5 - \frac{1}{2n}\right)}{6 - 0} = \frac{\frac{1}{2n} + \frac{1}{2n}}{6} = \frac{\frac{1}{n}}{6} = \frac{1}{6n}$$

となる（図 4.9(c)）．ここで，n の値を限りなく大きくしていくと，$\frac{1}{6n} \to 0$ となるので，結局，$\Pr[X = 3.5] = 0$ となる（図 4.9(d)）．同様に考えていくと，3.5 に限らず，x を $0 \leq x \leq 6$ となる任意の値として，$\Pr[X = x] = 0$ で

---

[8] すなわち，$n = 1, 2, 3, \cdots$.

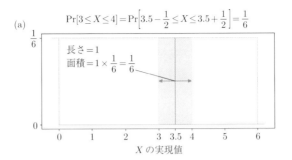

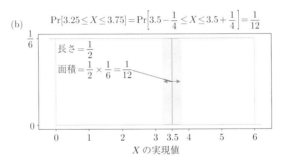

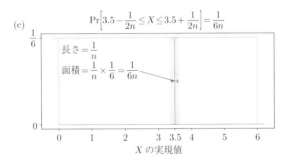

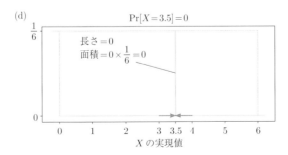

図 4.9 [0, 6] 一様乱数を取り出す確率

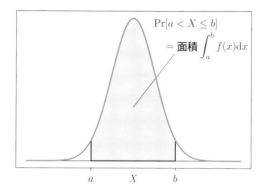

$$\text{図 4.10}\quad \Pr[a \leq X \leq b] = \int_a^b f(x)\mathrm{d}x$$

あることがわかる．すなわち，**区間 [0,6] 内のいずれかの値が実現値として必ず生起するにもかかわらず，各値の生起確率は 0 となってしまう**のである．

図 4.9 では，確率変数 X の実現値に関する確率を長方形の面積で表したが，これらの図における高さ $\frac{1}{6}$ は，各実現値の起こりやすさを表したものであって，確率でないことに注意してほしい．

図 4.9 と同様に，ある確率変数の実現値が連続した任意の数をとる場合，(x, y)-平面上で，横軸を実現値 x の取り得る値として，実現値 x の起こりやすさを高さ $y = f(x)$ のグラフとして描くことにする．そして，**$\Pr[a \leq X \leq b]$ を $y = f(x)$ のグラフと x-軸，$x = a$，$x = b$ で囲まれた範囲の面積で表す**ことにする（図 4.10）．**この面積を $\int_a^b f(x)\mathrm{d}x$ と表す**ことにすると，

$$\Pr[a \leq X \leq b] = \int_a^b f(x)\mathrm{d}x$$

である[9]．

このように確率変数の実現値が連続した任意の数をとる場合，実現値が $\{a \leq X \leq b\}$ となる確率を面積で表現することは，自然で受け入れられるものと思われるが，一方で，任意の数 x に対して，$\{X = x\}$ となる確率は，面積が 0 となるので，確率＝0 となってしまう．しかし，確率変数の実現値が連続した値をとる場合，便宜上，確率を面積で表現する以外の方法は，存在

---

[9] $\int_a^b f(x)\mathrm{d}x$ を $f(x)$ の区間 $[a, b]$ での**定積分**という（詳しくは，岩城 (2012) を参照）．

しないと言ってよい. そこで, 実現値のとる値が連続した数であるとした場合の確率変数とその確率分布を次のように定義する.

定義 4.8（連続型確率変数）

　確率変数 X の実現値が連続した数であり, 任意の数 a, b $(a < b)$ に対して,

$$\Pr[a < X \le b] = \int_a^b f(x)\mathrm{d}x$$

となる非負の関数 f が存在するとき, X を**連続型**確率変数とよぶ. また, 関数 f を X の**確率密度関数**あるいは**密度関数**とよぶ.

　連続型確率変数 X に対して, その確率密度関数を X の**確率分布**という.

! 注 4.2[*]　累積分布関数の定義（定義 4.4）より, 連続確率変数の場合には, その確率密度関数を f とすると, その分布関数 F は, 次で与えられる.

$$F(x) = \int_{-\infty}^x f(y)\mathrm{d}y, \qquad -\infty < x < \infty.$$

定義 4.9（一様分布）

　数 a, b $(a < b)$ を所与として, 確率変数 X の確率密度関数 $f(x)$ が

$$f(x) = \frac{1}{b-a}, \qquad a \le x \le b$$

となるとき, X は, $[a, b]$ 上の**一様分布**に従うといい, $X \sim \mathrm{U}(a, b)$ と表す（図 4.11）[10].

　定義から明らかなように一様分布 $\mathrm{U}(a, b)$ は, $[a, b]$ 上の一様乱数の確率分布を表している.

---
[10] 英語で一様を uniform ということから, $\mathrm{U}(a, b)$ という記号を用いている.

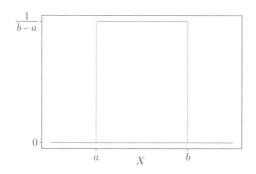

図 **4.11** U$[a, b]$ の確率密度関数

4.3 期待値と分散

4.3.1 期待値（平均）

ある 5 回のテストの結果が，70 点，80 点，70 点，90 点，100 点であったとする．この場合，平均点は，

$$\frac{70 + 80 + 70 + 90 + 100}{5} = 82 \text{ 点}$$

であるが，この平均点を求めるのに，70 点が，5 回中 2 回，80 点，90 点，100 点が，各々 5 回中 1 回ずつであるから，

$$70 \times \frac{2}{5} + 80 \times \frac{1}{5} + 90 \times \frac{1}{5} + 100 \times \frac{1}{5}$$

として求めても同じ結果となる．すなわち，平均値は，各出現値にその値の出現回数の比率（すなわち相対度数）を掛けたものの総和となっている．同様に，サイコロを 6 回投げたとき，各目がちょうど 1 回ずつ出たとすれば，出た目の平均値は，

$$1 \times \frac{1}{6} + 2 \times \frac{1}{6} + \cdots + 6 \times \frac{1}{6} = 3.5$$

となる．このことから，たとえば，サイコロを投げて出る目を観測する試行に対応する確率変数 X の確率分布が

$$\Pr\{X = i\} = \frac{1}{6}, \quad i = 1, 2, \cdots, 6$$

というように与えられていたとすると，その実現値に期待される平均値は，

$$1 \times \frac{1}{6} + 2 \times \frac{1}{6} + \cdots + 6 \times \frac{1}{6} = 3.5$$

とするのが自然である．そこで，離散型確率変数の期待値あるいは平均を次のように定義する．

定義 4.10（離散型確率変数の期待値）

実現値が $\{x_i : i = 1, 2, \cdots\}$ となる離散型確率変数 X に対して，

(実現値 × 確率) の合計

$$= x_1 \times \Pr[X = x_1] + x_2 \times \Pr[X = x_2] + \cdots$$

を X の**期待値**もしくは**平均**といい，これを $\mathbb{E}[X]$ という記号で表す[11]．

▌ **例 4.5（ベルヌーイ分布の期待値）** $X \sim \mathrm{Be}(p)$ のとき，$\mathbb{E}[X] = p$.

▷ **問 4.2**　例 4.5 が成立すること示しなさい．

　離散型確率変数の期待値については，定義 4.10 で定義したとおりであるが，連続型確率変数については，その期待値をどのように定義したらよいだろうか．

　いま，$X \sim \mathrm{U}(0,1)$，すなわち，確率変数 X は，$[0,1]$ 上の一様分布に従っているとする．一方，これと比較する確率分布として，$[0,1]$ を n 分割して，実現値 $\frac{1}{n}, \frac{2}{n}, \cdots, \frac{n}{n} = 1$ が各々，確率 $\frac{1}{n}$ で生起する離散型確率変数を考える．たとえば，$n = 10$ とすると，

$$X = \begin{cases} \dfrac{1}{10} & \text{確率} = \dfrac{1}{10}, \\[2mm] \dfrac{2}{10} & \text{確率} = \dfrac{1}{10}, \\[1mm] \vdots & \vdots \\[1mm] \dfrac{10}{10} & \text{確率} = \dfrac{1}{10} \end{cases}$$

---

[11] $\mathbb{E}$ は英語の expectation（期待）を略したものである．

であり，その期待値は，

$$\mathbb{E}[X] = \frac{1}{10} \times \frac{1}{10} + \frac{2}{10} \times \frac{1}{10} + \cdots + \frac{10}{10} \times \frac{1}{10}$$

である．これを図で表現したものが，図 4.12(a) であり，期待値は，右側の図において，階段状の棒グラフの面積の合計で表現されている．同様に，$n = 20$，$n = 50$，$n \to \infty$ とした場合の期待値が図 4.12(b)〜(d) の右側に順番に描かれている．

　この図を見ると，n を限りなく大きくして $n \to \infty$ とした場合の確率分布（図 4.12(d) 左図）は，$[0,1]$ 上の一様分布を表していると考えられるので，その期待値は，図 4.12(d) 右図の灰色の直角 2 等辺三角形の面積とするのが自然である．言い換えると，$X \sim \mathrm{U}(0,1)$ とすると，その期待値は，$y = x \times$ 確率密度 $= x \times 1 = x$ のグラフと x-軸および垂直線 $x = 0$ と $x = 1$ で囲まれた範囲の面積，すなわち

$$\int_0^1 x f(x)\mathrm{d}x = \int_0^1 (x \times 1)\mathrm{d}x = \frac{1}{2}$$

と考えられる [12]．

　そこで，X が連続型確率変数で，その密度関数が $f(x)$ で実現値の取り得る範囲が区間 $[a,b]$ となる場合には，その期待値を次のように定義する．

> **定義 4.11（連続型確率変数の期待値）**
>
> 　確率密度関数が $f(x)$, $a \leq x \leq b$ の連続型確率変数 X に対して，
>
> $$\mathbb{E}[X] = \int_a^b x f(x)\mathrm{d}x$$
>
> を X の**期待値**もしくは**平均**という [13]．

---

[12] $\int$ は，英語の sum（合計）の頭文字 S を崩したものであり，$\int_0^1 x f(x)\mathrm{d}x$ は，$0 \leq x \leq 1$ の範囲で，x を動かしながら，高さ $x f(x)$，底辺 $\mathrm{d}x$（x 前後の底辺の長さを限りなく 0 に近づけた長さ）の長方形の面積の合計をとることを表している．

[13] $a > 0$ のときには，$\int_a^b x f(x)\mathrm{d}x$ は，$y = x f(x)$ と x-軸，$x = a$，$x = b$ で囲まれた領域の面積を表している．$b < 0$ のときには，$\int_a^b x f(x)\mathrm{d}x$ は，$y = |x| f(x) = -x f(x)$

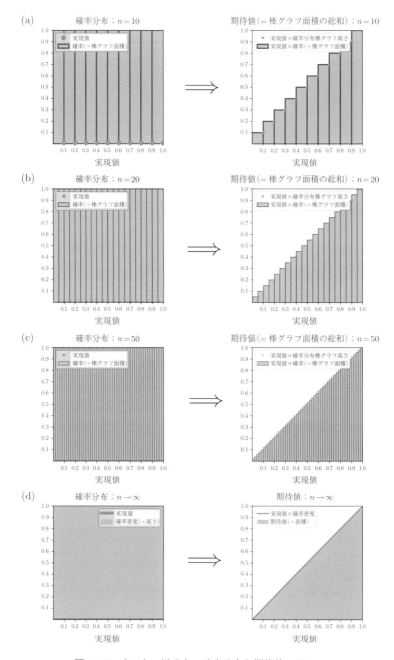

図 4.12　[0, 1] 一様分布の確率分布と期待値のグラフ

例 4.6（期待値のグラフ作成）　図 4.12 の右側の $n = 10$, $n = 20$, $n = 50$ のときの期待値のグラフを Excel を使って次の手順で描いてみる.

1.　ワークシートに実現値と実現値 ×1 の値を入れて，これらの値の入ったセル範囲を選択する.

	A	B
1	n=10	
2	実現値	1×実現値
3	0.1	0.1
4	0.2	0.2
5	0.3	0.3
6	0.4	0.4
7	0.5	0.5
8	0.6	0.6
9	0.7	0.7
10	0.8	0.8
11	0.9	0.9
12	1	1

2.　［挿入］タブ $\Longrightarrow$ ［グラフ］内の［縦棒/横棒グラフの挿入］ $\Longrightarrow$ ［その他の縦棒グラフ (**M**)...］ $\Longrightarrow$ 右上の を選択して［OK］をクリック.

3.　表示されたグラフの棒グラフの一つをダブルクリックして，［**データ系列（要素）の書式設定**］を表示 $\Longrightarrow$ ［系列のオプション］ $\Longrightarrow$ 系列のオプション内の［**要素の間隔 (W)**］を 0%に変更して Enter キーを押す.

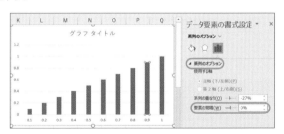

4.　［データ系列（要素）の書式設定内］の［塗りつぶしと線］をクリッ

と x-軸, $x = a$, $x = b$ で囲まれた領域の面積 $\int_a^b |x| f(x) \mathrm{d}x$ に -1 を掛けたものとする. 一般に, $a < 0 \leq b$ の場合には, $\int_a^b x f(x) \mathrm{d}x = -\int_a^0 |x| f(x) \mathrm{d}x + \int_0^b x f(x) \mathrm{d}x$ とする.

クして棒グラフ全体を選択 ⟹ [**塗りつぶし**] の [色 (<u>C</u>)] ◇▾ を
選択してグラフの色を変更，[**枠線**] の [色 (<u>C</u>)] ◿▾ を選択して
グラフの枠の色を変更.

5. グラフエリア内の縦軸目盛りをクリックして選択し，[**軸の書式設
定**] を表示 ⟹ [軸のオプション] ◪ をクリック ⟹ [軸のオ
プション] 内の [境界値]，[最大値 (<u>X</u>)] を 1.0，[単位]，[主 (<u>J</u>)]
を 0.1 に変更して Enter キーを押す ⟹ × をクリックして [軸
の書式設定] を閉じる.

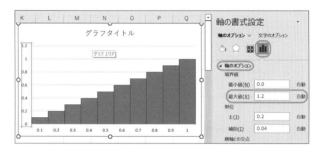

6. [グラフフィルター] ▽ ⟹ 右下の [データの選択...] をクリック.

- [データソースの選択] 内の [凡例項目 (系列) (<u>S</u>)] の [追加 (<u>A</u>)]
  をクリック ⟹ [系列名 (<u>N</u>)] に「実現値 × 1」と入力，[系列値
  (<u>V</u>)] に「実現値 × 1」の値が入ったセル範囲を選択 ⟹ [OK]
  をクリック.

- ［データソースの選択］内の［凡例項目（系列）(S)］の［**系列1**］
  をクリック ⟹ ［編集 (E)］をクリック ⟹ ［系列名 (N)］に「
  実現値 × 確率」と入力 ⟹ ［OK］をクリック ⟹ ［データソー
  スの選択］右下の［OK］をクリック.

7. グラフエリア内クリック ⟹ ［グラフのデザイン］リボン ⟹ ［グ
   ラフの種類の変更］ ⟹ ［すべてのグラフ］内から［組み合わせ］を
   選択 ⟹ ［OK］をクリック.

8. グラフ要素 ＋ をクリック ⟹ ［凡例］と［軸ラベル］,［グラフタ
   イトル］,［軸］にチェックを入れ, 軸ラベルとグラフタイトルを適
   当に編集すると次のグラフができる.

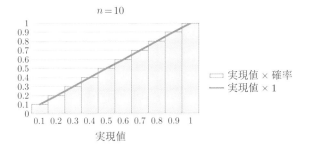

9. 同様にして, $n = 20$, $n = 50$ の場合のグラフを作成する.

例 4.7（一様分布の期待値）　$X \sim \mathrm{U}(a,b)$ とすると, $\mathbb{E}[X] = \dfrac{b+a}{2}$.

! 注 4.3　$X \sim \mathrm{U}(a,b)$ とすると, その期待値は, $[a,b]$ 上の中点となる. このこと
の妥当性は, 確率密度関数の形状からも受け入れられるだろう.

▷ **問 4.3**[*]　例 4.7 を確かめなさい. ただし, $a > 0$ とする.

ヒント　$X \sim \mathrm{U}(a, b)$ の確率密度関数が $\dfrac{1}{b-a}$ であることから，$y = \dfrac{1}{b-a}x$ のグラフを描いて考える．なお，例 4.7 は，$a < 0$ の場合でも成立するが，この場合の証明には，積分の知識が必要になる．詳細は岩城 (2012) を参照．

4.3.2　分散と標準偏差

図 4.13 と図 4.14 のヒストグラムを比較すると，同じ平均でありながら，図 4.13 のほうが平均周りにデータがより集中している．得られたデータの要約を目的とする記述統計では，データの平均値周りのバラツキの大きさを表す尺度として，分散と標準偏差が用いられていて，

$$\text{分散} = \overline{(\text{データ値} - \text{平均})^2 \text{の平均}},$$
$$\text{標準偏差} = \sqrt{\text{分散}}$$

と定義した（定義 2.6）．この定義によると，分散と標準偏差は，得られたデータを比較した場合，分散や標準偏差が小さいほど，平均的に平均周りにデータがより集中しているということを意味していた．

▷ **問 4.4**　図 4.13 と図 4.14 のヒストグラムのデータについて，各々の平均と分散を Excel を使って計算しなさい．

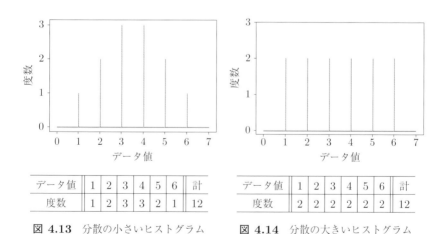

データ値	1	2	3	4	5	6	計
度数	1	2	3	3	2	1	12

図 4.13　分散の小さいヒストグラム

データ値	1	2	3	4	5	6	計
度数	2	2	2	2	2	2	12

図 4.14　分散の大きいヒストグラム

　確率変数については，その平均を定義 4.10 と定義 4.11 で定義したが，その分散と標準偏差を次で定義する.

定義 4.12（分散と標準偏差）

　確率変数 X に対して，

$$X \text{ の分散} = (X - X \text{ の期待値}) \text{ の二乗の期待値,}$$

$$X \text{ の標準偏差} = \text{分散の平方根}$$

とする．本書では，確率変数 X の分散と標準偏差を各々，$\mathrm{Var}[X]$ と $\sigma[X]$ で表すことにする [14]．すなわち，

$$\mathrm{Var}[X] = \mathbb{E}\left[(X - \mathbb{E}[X])^2\right],$$
$$\sigma[X] = \sqrt{\mathrm{Var}[X]}$$

とする.

例 4.8（ベルヌーイ分布と一様分布の分散）

(1) 　$X \sim \mathrm{Be}(p)$ のとき，$\mathrm{Var}[X] = p(1-p)$.

(2)* 　$X \sim \mathrm{U}(a,b)$ のとき，$\mathrm{Var}[X] = \dfrac{(b-a)^2}{12}$ [15].

▷ **問 4.5**　例 4.8(1) を確かめなさい.

❗ **注 4.4**　例 4.8(2) より，一様分布では，分散が大きいほど，正の確率で実現値の入る区間幅が大きいことがわかる（図 4.15）.

4.3.3　期待値と分散の性質

　a を任意の数としたとき，確率変数 X に対して，$X + a$ は，そのすべての実現値が，X の実現値に a を足した値となる確率変数を表している．した

---

[14] 英語で分散を variance ということから，分散を $\mathrm{Var}[X]$ で表している．また，標準偏差は，英語で standard deviation であることから，最初の s の起源であるギリシャ語の σ （シグマ）を用いて，$\sigma[X]$ で表している.

[15] (2) の証明は，積分の知識を必要とするので本書では省略した．証明は岩城 (2012) を参照してほしい.

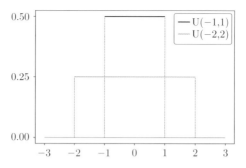

図 4.15 U$(-1, 1)$ と U$(-2, 2)$ の確率密度関数

がって，期待値についても，$X + a$ の期待値は，X の期待値に a を足したものとなる．すなわち，

$$\mathbb{E}[X + a] = \mathbb{E}[X] + a \tag{4.3}$$

が成立している．また，aX は，そのすべての実現値が，X の実現値を a 倍した値となる確率変数を表しているので，aX の期待値は，X の期待値を a 倍したものとなる．すなわち，

$$\mathbb{E}[aX] = a\mathbb{E}[X] \tag{4.4}$$

である．一方，分散については，その定義（定義 4.12）より，

$$(確率変数 - 確率変数の期待値)^2 の期待値$$

であったから，

$$\mathrm{Var}[X + a] = \mathrm{Var}[X]$$

などが成立する．以上の結果から得られる結果を公式としてまとめておく．

公式 4.1（期待値と分散の公式）

a を任意の数として，確率変数 X の期待値と分散については，次が成立する．

(1) $\mathbb{E}[X+a] = \mathbb{E}[X]+a$.

(2) $\mathbb{E}[aX] = a\mathbb{E}[X]$.

(3) $\mathrm{Var}[X+a] = \mathrm{Var}[X]$.

(4) $\mathrm{Var}[aX] = a^2\mathrm{Var}[X]$.

(5) $\mathrm{Var}[X] = \mathbb{E}[X^2] - (\mathbb{E}[X])^2$.

(6) $\mathrm{Var}[a] = 0$, $\mathrm{Var}[X] = 0$ ならば X は定数.

▷ **問 4.6**

$$a = 2, \quad X = \begin{cases} 1 & \text{確率} = \dfrac{1}{6}, \\[1mm] 2 & \text{確率} = \dfrac{1}{6}, \\ \vdots & \quad \vdots \\ 6 & \text{確率} = \dfrac{1}{6} \end{cases}$$

として，公式 4.1(1)〜(5) の左辺を Excel で計算して，公式が成立していることを確かめなさい.

▷ **問 4.7**[*]　公式 4.1(3)〜(6) を公式 4.1(1) と (2) を用いて示しなさい.

公式 4.1 より，次の公式を得る.

公式 4.2（確率変数の標準化）

1.　確率変数 X に対して，

$$Z = \frac{X - \mathbb{E}[X]}{\sigma[X]} \tag{4.5}$$

とすると，Z の期待値は $\mathbb{E}[Z] = 0$，Z の標準偏差は $\sigma[Z] = 1$ となる.

　　すなわち，任意の**確率変数に対して，平均を引いて標準偏差で割ると，その平均は 0，標準偏差は 1** となる.

2.　Z を平均 $= 0$，標準偏差 $= 1$ となる確率変数として，

$$X = a + bZ$$

> とすると，X の期待値は $\mathbb{E}[X] = a$，X の標準偏差は $\sigma[X] = b$ と
> なる．

式 (4.5) のようにして，任意の確率変数 X を平均 0，標準偏差 1 の確率変
数に変換することを**確率変数の標準化**という．

▷ **問 4.8**

(1) 問 4.6 の確率変数 X を標準化して，$Z = \dfrac{X - \mathbb{E}[X]}{\sigma[X]}$ としたとき，
    $\mathbb{E}[Z] = 0$，$\sigma[X] = 1$ となることと，

(2) $a = 2$，$b = 3$ として，$\mathbb{E}[a + bZ] = a$ と $\sigma[a + bZ] = b$ となること

を Excel を使って計算することによって確かめなさい．

4.4 正規分布

データ分析で最も重要な確率分布は正規分布である．これは，連続型確率
変数の従う確率分布で次の定義で与えられる．正規分布の確率密度関数の式
は複雑と思われるが，Excel や統計計算の行えるソフトウェアには，組み込
みの関数として正規分布の確率密度関数が用意されているので，この式を無
理に覚える必要はない．

> **定義 4.13（正規分布）**
>
> μ と σ $(\sigma > 0)$ を定数として，確率変数 X の確率密度関数 $f(x)$ が
>
> $$f(x) = \frac{1}{\sqrt{2\pi}\sigma} e^{-\frac{(x-\mu)^2}{2\sigma^2}}, \quad -\infty < x < \infty$$
>
> で与えられるとき [16]，確率変数 X は平均 μ，分散 σ^2 の**正規分布**に従う
> といい，$X \sim \mathrm{N}(\mu, \sigma^2)$ と表す [17]．特に平均 $\mu = 0$，分散 $\sigma^2 = 1$ の正
> 規分布のことを**標準正規分布**という．

---

[16] e はネイピア数とよばれる定数で，その値は e ≈ 2.72 である（詳しくは，岩城 (2012)
  を参照）．
[17] 正規分布を英語で normal distribution ということから記号 N を用いている．

　正規分布の確率密度関数のグラフは，その平均 μ と分散 σ^2 の値によって形が決まり，その形状は，図 4.16 のように $x = \mu$ で対称な釣鐘形となる．正規分布は，平均 μ の周りに生起するランダムなエラーあるいは誤差の確率分布を表している．

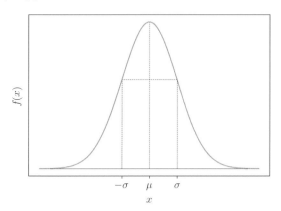

図 4.16　正規分布 $\mathrm{N}(\mu, \sigma^2)$ の確率密度関数

Excel 操作法 4.1（正規分布の確率密度と分布関数）

　正規分布の確率密度関数と分布関数の値を求めるには，各々次の関数を用いる[18]．

確率密度関数値

　　=NORM.DIST(x, 平均, 標準偏差, 0)

分布関数値

　　=NORM.DIST(x, 平均, 標準偏差, 1)

　例 4.9（正規分布の確率密度関数）　　Excel を用いて，$X \sim \mathrm{N}(0,1)$，$X \sim \mathrm{N}(1,1)$，$X \sim \mathrm{N}(0, 2^2)$ について，それらの確率密度関数のグラフを $-6 \leq X \leq 6$ の範囲で次の手順で描いてみる（Excel 入力例は図 4.17，グラフは図 4.18）．

---

[18] Excel 関数のオプション入力値の 0 と 1 は，各々，FALSE と TRUE としても同じである．

1. x 値の入力（セル A2:A26）

   セル A2 に -6，セル A3 に＝A2+0.5 と入力し，これを，セル A26 までコピーする.

2. N$(0,1)$ 確率密度関数値の入力（セル B2:B26）

   セル B2 に＝NORM.DIST(A2,0,1,0) と入力し，これを，セル B26 までコピーする.

3. N$(1,1)$ 確率密度値の入力（セル C2:C26）

   セル C2 に＝NORM.DIST(A2,1,1,0) と入力し，これを，セル C26 までコピーする.

4. N$(0,2^2)$ 確率密度値の入力（セル D2:D26）

   セル D2 に＝NORM.DIST(A2,0,2,0) と入力し，これを，セル D26 までコピーする.

5. グラフの作成

   セル範囲 A2:D26 を選択し，

   ［挿入］タブ ⇒ ［グラフ］内［散布図 (X,Y) またはバブルチャートの挿入］ ⇒ ［散布図（平滑線)] をクリック.

あとはグラフエリア内を適当に調整すればよい.

	A	B	C	D
1	x	N (0,1)	N(1,1)	N(0,2^2)
2	-6	6.07588E-09	9.13472E-12	0.002216
3	-5.5	1.07698E-07	2.66956E-10	0.004547
4	-5	1.48672E-06	6.07588E-09	0.008764
5	-4.5	1.59837E-05	1.07698E-07	0.01587
⋮				
21	3.5	0.000872683	0.0175283	0.043139
22	4	0.00013383	0.004431848	0.026995
23	4.5	1.59837E-05	0.000872683	0.01587
24	5	1.48672E-06	0.00013383	0.008764
25	5.5	1.07698E-07	1.59837E-05	0.004547
26	6	6.07588E-09	1.48672E-06	0.002216

図 4.17 正規分布 N$(0,1)$ と N$(1,1)$，N$(0,2^2)$ 確率密度関数値の入力例

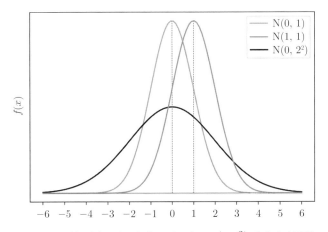

図 4.18 正規分布 $N(0,1)$ と $N(1,1)$, $N\left(0,2^2\right)$ 確率密度関数

公式 4.3（正規分布の標準化と対称性）

(1) $X \sim N(\mu, \sigma^2)$ のとき,

$$Z = \frac{X - \mu}{\sigma}$$

とすると $Z \sim N(0,1)$ となる.

　この方法によって，任意の正規分布に従う確率変数を標準正規分布に従う確率変数へ変換することを正規分布の**標準化**という.

　逆に，$Z \sim N(0,1)$ とすると，任意の $X \sim N(\mu, \sigma^2)$ は,

$$X = \mu + \sigma Z$$

と表される.

(2) $\phi(x)$ を標準正規分布の確率密度関数とすると

$$\phi(x) = \phi(-x).$$

このことを標準正規分布の**対称性**という（図 4.19）.

▷ **問 4.9** Excel を用いて，$X \sim N(0,1)$ について，次の確率を求めなさい.

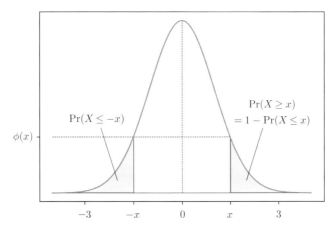

図 4.19　標準正規分布：確率密度関数 $\phi(x)$ のグラフ

$$\Pr[-1 \le X \le 1],\ \Pr[-2 \le X \le 2],\ \Pr[-3 \le X \le 3].$$

ヒント　　累積分布関数（定義 4.4）の値を NORM.DIST （Excel 操作法 4.1）を使って求める.

4.5　2 変量確率変数

たとえば，日経平均のような株価指数と円ドルの為替レートを考えたとき，かつては一般に，経済の状態が良好ならば，株高・円安になるといわれていた [19]．そこで，ある将来時点での経済の状態を根元事象として，確率変数の定義（定義 4.3）と同様に，各根元事象に対して，適当な 2 値の実数値の割り当て方を定めれば，株価指数と為替レートの実現値について，確率を用いた議論を行うことができる.

> **定義 4.14（2 変量確率変数）**
>
> 　根元事象 ω に対して 2 つの数の組 $(X(\omega), Y(\omega))$ を対応させることを考える．この対応 (X, Y) を **2 変量確率変数**あるいは **2 次元確率変数**とよび，$(X(\omega), Y(\omega))$ を確率変数 (X, Y) の実現値という.

---

[19] 最近は，必ずしも株高・円安になるとは言えないようである（図 3.1 参照）.

! 注 4.5　2 変量確率変数に対して，定義 4.3 の確率変数を，それが，1 変量であることを強調して 1 変量確率変数とよぶことがある．

1 変量確率変数のときと同様に，a, b, c, d を適当な実数として，実現値が

$$\{a < X(\omega) \leq b, \ c < Y(\omega) \leq d\}$$

となる確率を

$$\Pr[a < X \leq b, \ c < Y \leq d]$$

と書く．

例 4.10（2 変量確率変数）　2 枚のコインを投げて出る表と裏の組合せを観測する試行に対して，

$$(X, Y) = \begin{cases} (1, 1) & \Leftarrow (表，表) \\ (1, 0) & \Leftarrow (表，裏) \\ (0, 1) & \Leftarrow (裏，表) \\ (0, 0) & \Leftarrow (裏，裏) \end{cases}$$

とすると (X, Y) は，2 変量確率変数である（図 4.20）．また，裏と表の組合せのどの出方も同様に等しいとすると，

$$\Pr[X = 1, Y = 1] = \frac{1}{4}, \ \ \Pr[X = 1, Y = 0] = \frac{1}{4}$$
$$\Pr[X = 0, Y = 1] = \frac{1}{4}, \ \ \Pr[X = 0, Y = 0] = \frac{1}{4}$$

である．

! 注 4.6　n 変量確率変数 $(X_1, X_2, \cdots, X_n)$ についても定義 4.14 と同様に定義される．

1 変量確率変数の分布関数は，定義 4.4 で定義したが，同様に 2 変量確率変数の分布関数については次で定義する．

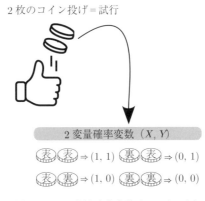

2 枚のコイン投げ=試行

2 変量確率変数 (X, Y)

(表)(表) ⇒ (1, 1)　(裏)(表) ⇒ (0, 1)

(表)(裏) ⇒ (1, 0)　(裏)(裏) ⇒ (0, 0)

図 4.20　2 変量確率変数 (X, Y) の例

定義 4.15（同時累積分布関数 *）

　2 変量確率変数 (X, Y) に対して，$\Pr[X \leq x,\ Y \leq y]$ を (x, y) の関数と考えたとき，

$$F(x, y) = \Pr[X \leq x,\ Y \leq y]$$

を (X, Y) の**同時累積分布関数**あるいは**同時分布関数**という.

2 変量確率変数にも離散型と連続型がある．それらは，1 変量の場合と同様に定義される.

定義 4.16（2 変量離散型確率変数）

　2 変量確率変数 (X, Y) の実現値の組が，$(X, Y) = (x_i, y_j)$, $i, j = 1, 2, \cdots$ というように，可付番個となるとき，(X, Y) を **2 変量離散型確率変数**という.

$$\Pr[X = x_i, Y = y_j], \quad i, j = 1, 2, \cdots$$

を (X, Y) の $\{X = x_i, Y = y_j\}$ となる**同時確率**とよび，同時確率 $\Pr[X = x, Y = y]$ を (x, y) の関数としたとき，これを，(X, Y) の**同時確率関数**とよぶ.

　2 変量離散型確率変数については，同時確率関数を，その**同時確率分布**あるいは**確率分布**とよぶ.

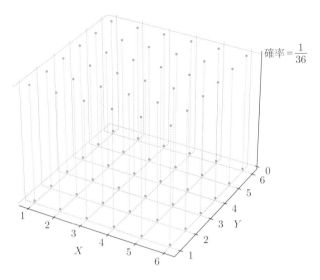

確率 $=\dfrac{1}{36}$

図 4.21 2 変量離散型確率変数 (X, Y) とその確率分布の例

例 4.11（2 変量離散型確率変数の確率分布） 2 個のサイコロを投げて出る目の組を観測する試行に対して，根元事象 {1 個目のサイコロの目 $= i$, 2 個目のサイコロの目 $= j$} に対応して，

$$
\begin{aligned}
(X, Y) &= \{(i, j);\ i, j = 1, \cdots, 6\} \\
&= \{(1,1), (1,2), (1,3), (1,4), (1,5), (1,6), \\
&\quad\ (2,1), (2,2), (2,3), (2,4), (2,5), (2,6), \\
&\qquad\qquad\qquad \vdots \\
&\quad\ (6,1), (6,2), (6,3), (6,4), (6,5), (6,6)\}
\end{aligned}
$$

とすると，(X, Y) は，2 変量離散型確率変数である．2 つのサイコロにおいて，どの目の出方も同様に確からしいとすると，その確率分布は，

$$
\Pr[X = i, Y = j] = \frac{1}{36}, \qquad i, j = 1, \cdots, 6
$$

である（図 4.21）.

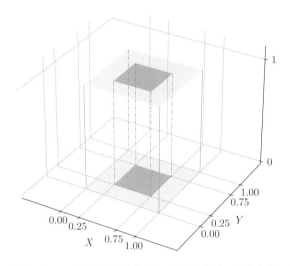

図 4.22　2 変量連続型確率変数 (X, Y) とその確率分布の例

　次に 2 変量の連続型確率変数について考える．X を 1 変量の連続型確率変数とした場合，任意の値 a に対して，実現値がちょうどその値になる確率は，$\Pr[X = a] = 0$ となってしまうので，確率を表現する場合には，$\{X = x\}$ の起こりやすさを表す確率密度関数 $f(x)$ を考えた．そして，$\{a \leq X \leq b\}$ となる確率を，高さを $f(x)$ として，$f(x)$ を $a \leq x \leq b$ の範囲で x を動かしたときに形成される領域の面積で表現していた（図 4.10 参照）．

　1 変量の連続型確率変数を考えたときと同様に，$[0, 1]$ 上の一様乱数（定義 4.7）を 2 回取り出したとして，X と Y をそれぞれ，1 回目に取り出された値と 2 回目に取り出された値に対応させる確率変数とする．この場合，図 4.22 にあるような辺々の長さが 1 の立方体を考えると，たとえば，$\{0.25 \leq X \leq 0.75, 0.25 \leq Y \leq 0.75\}$ となる確率は，この立方体内の底面が $\{0.25 \leq x \leq 0.75, 0.25 \leq y \leq 0.75\}$ となる直方体の体積で表現できる．面積のときと同様に，**(x, y, z)-3 次元空間において，底面 $a \leq x \leq b$, $c \leq y \leq d$ 上の高さが $z = f(x, y)$ となる立体** [20] **の体積を，$\int_a^b \int_c^d f(x, y)\mathrm{d}x\mathrm{d}y$ で表す**．よって，この場合，

---

[20] 図 4.23 参照．

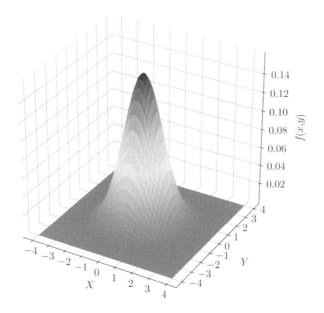

図 4.23 2 変量連続型確率変数 (X, Y) の同時確率密度関数 $f(x, y)$ の例

$$\Pr[0.25 \leq X \leq 0.75, 0.25 \leq Y \leq 0.75] = \int_{0.25}^{0.75} \int_{0.25}^{0.75} 1 \mathrm{d}x \mathrm{d}y$$

となる．このことを一般化して，2 変量の連続型確率変数とその確率分布を次のように定義する．

定義 4.17（2 変量連続型確率変数 *）

(X, Y) を 2 変量確率変数とする．

$$\Pr[a \leq X \leq b, c \leq Y \leq d] = \int_a^b \int_c^d f(x, y) \mathrm{d}x \mathrm{d}y$$

となる非負の関数 $f(x, y)$ が存在するとき，(X, Y) を **2 変量連続型確率変数**といい，関数 $f(x, y)$ を **同時確率密度関数**あるいは**同時密度関数**という（図 4.23）．

2 変量連続型確率変数については，同時確率密度関数を，その**同時確率分布**あるいは**確率分布**とよぶ．

4.5.1 周辺分布

例 4.10 の確率分布を表にまとめると表 4.1 のようになる.

表 4.1 例 4.10 の確率分布

		Y の実現値		同時確率の横方向の和
		0	1	
X の実現値	0	$\Pr[X=0, Y=0] = \dfrac{1}{4}$	$\Pr[X=0, Y=1] = \dfrac{1}{4}$	$\dfrac{1}{2}$
	1	$\Pr[X=1, Y=0] = \dfrac{1}{4}$	$\Pr[X=1, Y=1] = \dfrac{1}{4}$	$\dfrac{1}{2}$
同時確率の縦方向の和		$\dfrac{1}{2}$	$\dfrac{1}{2}$	

ここで, $\{X=0\}$ と $\{X=1\}$ を固定して, 同時確率の和をとる. すなわち, 表 4.1 の同時確率の横方向の和をとると,

$$\Pr[X=0, Y=0] + \Pr[X=0, Y=1] = \frac{1}{4} + \frac{1}{4} = \frac{1}{2},$$
$$\Pr[X=1, Y=0] + \Pr[X=1, Y=1] = \frac{1}{4} + \frac{1}{4} = \frac{1}{2}.$$

すると, これは, $\{X=0\}$ に $\dfrac{1}{2} > 0$ を, $\{X=1\}$ に $\dfrac{1}{2} > 0$ を対応させていて, $\dfrac{1}{2} + \dfrac{1}{2} = 1$ となっている. したがって, 確率の定義 (定義 4.2) から,

$$\Pr[X=0, Y=0] + \Pr[X=0, Y=1]$$
$$と \quad \Pr[X=1, Y=0] + \Pr[X=1, Y=1]$$

は, 各々 $\{X=0\}$ と $\{X=1\}$ の**確率**となっている. すなわち,

$$\Pr[X=0, Y=0] + \Pr[X=0, Y=1] = \Pr[X=0],$$
$$\Pr[X=1, Y=0] + \Pr[X=1, Y=1] = \Pr[X=1]$$

となっている. 同様の理由から, $\{Y=1\}$ と $\{Y=0\}$ を固定して, 同時確率の和 (表 4.1 の同時確率の縦方向の和) をとると

$$\Pr[X=0, Y=0] + \Pr[X=1, Y=0] = \Pr[Y=0],$$

$$\Pr[X = 0, Y = 1] + \Pr[X = 1, Y = 1] = \Pr[Y = 1]$$

となっている.

このことは，同様の議論によって，例 4.10 の確率分布に限らず，任意の 2 変量の確率分布について成立していることがわかる.

すなわち，2 変量同時確率分布が与えられると，次の定義にあるようにして，1 変量確率分布を生成できる.

定義 4.18（周辺分布）[21]

(1)　2 変量離散型確率変数 (X, Y) の確率分布

$$\Pr[X = x_i, Y = y_j], \quad i, j = 1, 2, \cdots$$

に対して，

$$\Pr[X = x_i] = \Pr[X = x_i, Y = \underline{y_1}] + \Pr[X = x_i, Y = \underline{y_2}] + \cdots,$$
$$i = 1, 2, \cdots \tag{4.6}$$

を X の**周辺分布**とよぶ. 同様に Y の周辺分布を

$$\Pr[Y = y_j] = \Pr[X = \underline{x_1}, Y = y_j] + \Pr[X = \underline{x_2}, Y = y_j] + \cdots,$$
$$j = 1, 2, \cdots$$

とする.

(2)*　連続型確率変数 (X, Y) の同時確率密度関数 f に対して，Y の実現値の取り得る範囲を $c \leq y \leq d$ として，

$$f_X(x) = \int_c^d f(x, \underline{y}) \mathrm{d}\underline{y}$$

を X の**周辺確率密度関数**あるいは**周辺密度関数**といい，周辺密度関数 f_X を X の**周辺分布**という[22]. Y の周辺密度関数と周辺分布も同様にして定義する（図 4.24）.

[21) 下線は強調を表す.

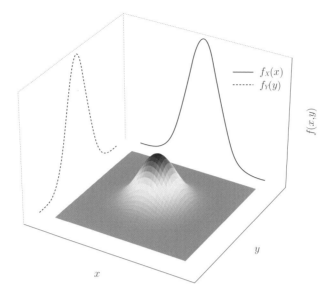

図 4.24　同時確率密度関数と周辺確率密度関数

例 4.12（周辺分布）　2 変量離散型確率変数 (X, Y) の確率分布が次のように与えられているとする（表 4.2）.

表 4.2　同時確率と周辺分布

		Y の実現値		X の周辺分布
		0	1	（横方向の和）
X の実現値	-1	$\dfrac{1}{3}$	0	$\dfrac{1}{3}$
	0	0	$\dfrac{1}{3}$	$\dfrac{1}{3}$
	1	$\dfrac{1}{3}$	0	$\dfrac{1}{3}$
Y の周辺分布（縦方向の和）		$\dfrac{2}{3}$	$\dfrac{1}{3}$	

---

22) $\int_c^d f(x, y) \mathrm{d}y$ は，x を固定して，(y, z)-平面上で $f(x, y)$ を高さとして，$f(x, y)$ を $c \leq y \leq d$ の範囲で動かしたときにできる領域の面積である.

$$(X,Y) = \begin{cases} (-1,0), & (-1,1), \\ (0,0), & (0,1), \\ (1,0), & (1,1), \end{cases}$$

$$\Pr[X=-1, Y=0] = \frac{1}{3}, \qquad \Pr[X=-1, Y=1] = 0,$$

$$\Pr[X=0, Y=0] = 0, \qquad \Pr[X=0, Y=1] = \frac{1}{3},$$

$$\Pr[X=1, Y=0] = \frac{1}{3}, \qquad \Pr[X=1, Y=1] = 0.$$

このとき，(X,Y) の周辺分布は次のとおり．

$$\Pr[X=-1] = \Pr[X=-1, Y=0] + \Pr[X=-1, Y=1]$$
$$= \frac{1}{3} + 0 = \frac{1}{3}.$$

$$\Pr[X=0] = \Pr[X=0, Y=0] + \Pr[X=0, Y=1] = 0 + \frac{1}{3} = \frac{1}{3}.$$

$$\Pr[X=1] = \Pr[X=1, Y=0] + \Pr[X=1, Y=1] = \frac{1}{3} + 0 = \frac{1}{3}.$$

$$\Pr[Y=0] = \Pr[X=-1, Y=0] + \Pr[X=0, Y=0]$$
$$+ \Pr[X=1, Y=0] = \frac{1}{3} + 0 + \frac{1}{3} = \frac{2}{3}.$$

$$\Pr[Y=1] = \Pr[X=-1, Y=1] + \Pr[X=0, Y=1]$$
$$+ \Pr[X=1, Y=1] = 0 + \frac{1}{3} + 0 = \frac{1}{3}.$$

4.5.2　2変量確率変数の期待値

1変量の期待値と同様に，2変量確率変数の期待値を次のように定義する．

定義 4.19（2変数関数の期待値）

$g(x,y)$ を，たとえば，$g(x,y) = x + y$ というような，x と y の関数とする．

(1)　(X,Y) を2変量離散型確率変数としたとき，

$$g(X, Y) \text{ の期待値}$$
$$= \Big(g(X \text{ 実現値}, Y \text{ 実現値}) \times (X, Y) \text{ 同時確率}\Big) \text{ の総和}$$

とし，これを $\mathbb{E}[g(X, Y)]$ で表す．すなわち同時確率関数を

$$p_{ij} = \Pr[X = x_i, Y = y_j], \quad i, j = 1, 2 \cdots$$

とすると，

$$\mathbb{E}[g(X, Y)] = g(x_1, y_1)p_{11} + g(x_1, y_2)p_{12} + \cdots$$
$$+ g(x_2, y_1)p_{21} + g(x_2, y_2)p_{22} + \cdots$$
$$\vdots$$

である．

(2)* (X, Y) を 2 変量連続型確率変数としたとき，その同時確率密度関数 $\{f(x, y) : a \leq x \leq b, c \leq y \leq d\}$ に対して，$g(X, Y)$ の期待値を

$$\mathbb{E}[g(X, Y)] = \int_a^b \int_c^d g(x, y)f(x, y)\mathrm{d}x\mathrm{d}y$$

で定義する [23]．

！注 4.7　n 変数関数の期待値，$\mathbb{E}[g(X_1, X_2, \cdots, X_n)]$ も 2 変数関数の場合と同様に定義する．

例 4.13（2 変量確率変数の期待値）　確率分布が次で与えられる 2 変量確率変数を考える（図 4.20 参照）．

---

[23] $\int_a^b \int_c^d g(x, y)f(x, y)\mathrm{d}x\mathrm{d}y$ は，(x, y, z)-3 次元空間において，底面 $a \leq x \leq b$, $c \leq y \leq d$ 上の高さが $z = g(x, y)f(x, y)$ となる立体の体積を表している．ただし，$g(x, y)$ が負の場合には高さを $z = -g(x, y)f(x, y)$ として，立体の体積を求めたあと，体積に (-1) を掛ける．

$$(X, Y) = \begin{cases} (1, 1) & \text{確率} = \Pr[X = 1, Y = 1], \\ (1, 0) & \text{確率} = \Pr[X = 1, Y = 0], \\ (0, 1) & \text{確率} = \Pr[X = 0, Y = 1], \\ (0, 0) & \text{確率} = \Pr[X = 0, Y = 0] \end{cases}$$

このとき, X と Y の平均 $\dfrac{X+Y}{2}$ の期待値は,

$$\mathbb{E}\left[\frac{X+Y}{2}\right] = \frac{1+1}{2}\Pr[X = 1, Y = 1] + \frac{1+0}{2}\Pr[X = 1, Y = 0]$$
$$+ \frac{0+1}{2}\Pr[X = 0, Y = 1] + \frac{0+0}{2}\Pr[X = 0, Y = 0] \tag{4.7}$$

となるが, 実は,

$$\mathbb{E}\left[\frac{X+Y}{2}\right] = \frac{1}{2}\mathbb{E}[X] + \frac{1}{2}\mathbb{E}[Y] \tag{4.8}$$

が成立している.

なぜならば, X と Y の周辺分布が

$$X = \begin{cases} 1 \; ; \; \Pr[X = 1] = \Pr[X = 1, Y = 1] + \Pr[X = 1, Y = 0], \\ 0 \; ; \; \Pr[X = 0] = \Pr[X = 0, Y = 1] + \Pr[X = 0, Y = 0] \end{cases}$$

$$Y = \begin{cases} 1 \; ; \; \Pr[Y = 1] = \Pr[X = 1, Y = 1] + \Pr[X = 0, Y = 1], \\ 0 \; ; \; \Pr[Y = 0] = \Pr[X = 0, Y = 0] + \Pr[X = 1, Y = 0] \end{cases}$$

となることに注意して, 式 (4.7) において, 各実現値ごとに同時確率をまとめると,

$$\mathbb{E}\left[\frac{X+Y}{2}\right] = \frac{1}{2} \times 1 \times (\Pr[X = 1, Y = 1] + \Pr[X = 1, Y = 0])$$
$$+ \frac{1}{2} \times 0 \times (\Pr[X = 0, Y = 1] + \Pr[X = 0, Y = 0])$$
$$+ \frac{1}{2} \times 1 \times (\Pr[X = 1, Y = 1] + \Pr[X = 0, Y = 1])$$

$$+ \frac{1}{2} \times 0 \times (\Pr[X = 1, Y = 0] + \Pr[X = 0, Y = 0])$$

$$= \frac{1}{2} \left(1 \times \Pr[X = 1] + 0 \times \Pr[X = 0]\right)$$

$$+ \frac{1}{2} \left(1 \times \Pr[Y = 1] + 0 \times \Pr[Y = 0]\right).$$

さらに，期待値の定義（定義 4.10）から，

$$1 \times \Pr[X = 1] + 0 \times \Pr[X = 0] = \mathbb{E}[X],$$

$$1 \times \Pr[Y = 1] + 0 \times \Pr[Y = 0] = \mathbb{E}[Y]$$

となっていることに注意すると，結局，式 (4.8) を得る.

例 4.13 と同様の計算を行うことによって，任意の 2 変量確率変数 (X, Y) について，次の公式が成立することが示せる[24].

公式 4.4（期待値の線形性）
2 変量確率変数 (X, Y) と定数 a, b に対して次式が成立する.

$$\mathbb{E}[aX + bY] = a\mathbb{E}[X] + b\mathbb{E}[Y].$$

公式 4.4 は，容易に n 変量の場合に拡張できる.

公式 4.5（多変量の期待値の線形性）
n 変量確率変数 $(X_1, \cdots, X_n)$ と定数 $a_i\ (i = 1, \cdots, n)$ に対して次式が成立する.

$$\mathbb{E}[a_1 X_1 + \cdots + a_n X_n] = a_1 \mathbb{E}[X_1] + \cdots + a_n \mathbb{E}[X_n].$$

▷ **問 4.10**[*]　公式 4.4 を用いて公式 4.5 が成立することを示しなさい.

---

[24] 一般の場合の証明に関心のある読者は，岩城 (2012) などを参照してほしい.

> **例 4.14（同一の期待値をもつ確率変数列の平均の期待値）**　　$X_1, \cdots, X_n$
> は, 各々同一の期待値 μ をもつ n 個の確率変数とする. すなわち, $\mathbb{E}[X_1] =$
> $\cdots = \mathbb{E}[X_n] = \mu$ とする. このとき, 多変量の期待値の線形性（公式 4.5）
> により
>
> $$\mathbb{E}\left[\frac{X_1 + \cdots + X_n}{n}\right] = \frac{1}{n}\mathbb{E}[X_1] + \cdots + \frac{1}{n}\mathbb{E}[X_n]$$
> $$= \frac{1}{n}\mu + \cdots + \frac{1}{n}\mu$$
> $$= \frac{1}{n}(n \times \mu) = \mu.$$
>
> したがって, $X_1, \cdots, X_n$ が, 各々同一の期待値 μ をもつならば, 次が成
> 立する.
>
> $$\frac{X_1 + \cdots + X_n}{n} \text{ の期待値} = X_i \text{の期待値}$$
> $$\Longleftrightarrow \quad \mathbb{E}\left[\frac{X_1 + \cdots + X_n}{n}\right] = \mathbb{E}[X_i] = \mu, \quad i = 1, \cdots, n.$$

▷ **問 4.11**　　X_i, $i = 1, \cdots, n$ は, 次の確率分布に従う確率変数とする.

$$X_i = \begin{cases} 1 & \text{確率} = \dfrac{1}{6} \\ 2 & \text{確率} = \dfrac{1}{6} \\ \vdots & \quad\vdots \\ 6 & \text{確率} = \dfrac{1}{6} \end{cases}, \quad i = 1, \cdots, n.$$

このとき, $\mathbb{E}\left[\dfrac{X_1 + \cdots + X_n}{n}\right]$ の値を求めなさい.

> **例 4.15（ポートフォリオ期待収益率）**　　n 銘柄の株式を組み合わせたポー
> トフォリオの期待収益率, すなわち投資収益率の期待値を考える [25].
> 　　第 i 銘柄株式の収益率を R_i とし, 第 i 銘柄株式への投資比率, すなわ

---

[25] 資産の組合せのことを**ポートフォリオ**という.

ち，ポートフォリオへの投資金額に占める第 i 銘柄への投資金額の比率を w_i とすると，ポートフォリオの収益率 R_p は，

$$R_p = w_1 R_1 + w_2 R_2 + \cdots + w_n R_n$$

となる．よって，その期待収益率は，多変量の期待値の線形性（公式 4.5）により

$$\mathbb{E}[R_p] = w_1 \mathbb{E}[R_1] + w_2 \mathbb{E}[R_2] + \cdots + w_n \mathbb{E}[R_n]$$

となる．

▷ **問 4.12**　A 証券の投資収益率の期待値を 10%，B 証券の投資収益率の期待値を 14% とする．このとき，A 証券と B 証券をそれぞれ 50% ずつ保有するポートフォリオの投資収益率の期待値を求めなさい．

4.5.3　共分散と分散の性質

たとえば，日経平均のような株価指数と円・ドル為替レートでは，一般に株価指数値が高いと円安になる傾向があるといわれていた[26]．

2 変数確率変数の実現値を考えたとき，一方の実現値が高い値をとるとき他方の実現値も高い値をとる傾向があるのかを示す尺度として，共分散がある．

! 注 4.8　本節では，以下，確率変数の共分散と相関係数を扱うが，3.3 節で学んだ 2 次元データの共分散と相関係数との違いに注意してほしい．

定義 4.20（共分散）

2 変量確率変数 (X, Y) に対して，

$$\left[(\boldsymbol{X - X} \text{ 期待値}) \times (\boldsymbol{Y - Y} \text{ 期待値}) \right] \text{ の期待値}$$

を X と Y の**共分散**といい，本書では，これを $Cov[X, Y]$ で表す．すなわち，

$$Cov[X, Y] = \mathbb{E}[(X - \mathbb{E}[X])(Y - \mathbb{E}[Y])].$$

---

[26] 最近は必ずしもそうではないようである．

X の実現値 x がその期待値 $\mathbb{E}[X]$ よりも大きいとき，同時に Y の実現値 y が期待値 $\mathbb{E}[Y]$ よりも大きいならば，

$$(x - \mathbb{E}[X])(y - \mathbb{E}[Y]) > 0.$$
$$\oplus \quad \times \quad \oplus$$

同様に，X の実現値 x がその期待値 $\mathbb{E}[X]$ よりも小さいとき，同時に Y の実現値 y が期待値 $\mathbb{E}[Y]$ よりも小さいならば，

$$(x - \mathbb{E}[X])(y - \mathbb{E}[Y]) > 0.$$
$$\ominus \quad \times \quad \ominus$$

よって，共分散が正の値をとる．すなわち，

$$Cov[X, Y] = \mathbb{E}\left[(X - \mathbb{E}[X])(Y - \mathbb{E}[Y])\right] > 0$$

であるならば，平均的に，一方の確率変数の実現値が高いときに同時に他方の確率変数の実現値も高い値をとることを示している．

逆に，X の実現値 x がその期待値 $\mathbb{E}[X]$ よりも大きいとき，同時に Y の実現値 y が期待値 $\mathbb{E}[Y]$ よりも小さいならば，

$$(x - \mathbb{E}[X])(y - \mathbb{E}[Y]) < 0.$$
$$\oplus \quad \times \quad \ominus$$

同様に，X の実現値 x がその期待値 $\mathbb{E}[X]$ よりも小さいとき，同時に，Y の実現値 y が期待値 $\mathbb{E}[Y]$ よりも大きいならば，

$$(x - \mathbb{E}[X])(y - \mathbb{E}[Y]) < 0.$$
$$\ominus \quad \times \quad \oplus$$

よって，

$$Cov[X, Y] = \mathbb{E}\left[(X - \mathbb{E}[X])(Y - \mathbb{E}[Y])\right] < 0$$

であるならば，平均的に，一方の確率変数の実現値が高いときに同時に他方の確率変数の実現値は低い値をとることを示している．

定義 4.21（相関）

2 変量確率変数 (X, Y) に対して

$$Cov[X, Y] > 0 \quad \Longleftrightarrow \quad X \text{ と } Y \text{ は**正の相関**,}$$
$$Cov[X, Y] = 0 \quad \Longleftrightarrow \quad X \text{ と } Y \text{ は**無相関**,}$$
$$Cov[X, Y] < 0 \quad \Longleftrightarrow \quad X \text{ と } Y \text{ は**負の相関**}$$

という.

　共分散の大きさは，測定単位に依存する．たとえば，1 ヵ月後にある人の体重と身長を測るという試行を考える．このとき，X を体重を表す確率変数，Y を身長を表す確率変数として，共分散 $Cov[X, Y]$ を求めるとき，体重と身長を kg と m で表記するのか，あるいは，g と cm で表記するのかでは，結果は，まったく異なった値となり，後者は前者の 1000×100 倍の値となってしまう．共分散の符号は，一方の確率変数の実現値が高いとき同時に他方の確率変数の実現値も高いのかあるいは低いのか，という傾向を示すものであったが，共分散の値からは，その傾向の強弱までは判明しない．そこで，相関が正か負かの判定に加えて，正・負の傾向の強弱を比較可能としたものが相関係数である．

定義 4.22（相関係数）

2 変量確率変数 (X, Y) に対して，

$$\frac{(X, Y) \text{ 共分散}}{X \text{ 標準偏差} \times Y \text{ 標準偏差}}$$

を X と Y の**相関係数**といい，本書では，これを $\rho[X, Y]$ で表す．すなわち，

$$\rho[X, Y] = \frac{Cov[X, Y]}{\sigma[X]\sigma[Y]}.$$

　相関係数の値は，その定義から，測定単位に依存しない[27]．さらに，次の公式が成立する．

---

[27] なぜならば，X と $\sigma[X]$ の測定単位，および Y と $\sigma[Y]$ の測定単位が同一で，分子/分母で互い相殺するからである．

公式 4.6（確率変数の相関係数の性質）

(1)
$$-1 \leq \rho[X, Y] \leq 1.$$

(2) a と b を定数として，

$$\rho[X, Y] = 1 \iff Y = aX + b, \quad a > 0,$$
$$\rho[X, Y] = -1 \iff Y = aX + b, \quad a < 0.$$

$\rho[X, Y] = 1$ のとき，確率変数 X と Y は**正の完全相関**であるといい，その実現値を (x, y)-平面上に描くと，すべて傾きが正の直線上に乗っていることを示している．$\rho[X, Y] > 0$ の場合は，X と Y は正の相関であり，その値が 1 に近いほど，両者の実現値が傾きが正の直線の関係に近い傾向にあることを示している．同様に，$\rho[X, Y] = -1$ のとき，確率変数 X と Y は**負の完全相関**であるといい，その実現値が，すべて傾きが負の直線上に乗っていることを示していて，$\rho[X, Y] < 0$ の場合は，X と Y は負の相関であり，その値が 1 に近いほど，両者の実現値が傾きが負の直線の関係に近い傾向にあることを示している．

▷ **問 4.13*** 確率変数の相関係数の性質（公式 4.6(1)，(2)）が成立することを示しなさい．

ヒント $\left(\dfrac{X - \mathbb{E}[X]}{\sigma[X]} \pm \dfrac{Y - \mathbb{E}[Y]}{\sigma[Y]} \right)^2$ の期待値を求める．

公式 4.7（2 変量分散公式）

X, Y を確率変数，a, b を定数とすると，

$$\mathrm{Var}[aX + bY] = a^2 \mathrm{Var}[X] + b^2 \mathrm{Var}[Y] + 2ab\,Cov[X, Y].$$

▷ **問 4.14*** 公式 4.7 が成り立つことを分散と共分散の定義と期待値の線形性の公式（公式 4.4）を使って示しなさい．

> **例 4.16（ポートフォリオ投資収益率の期待値と標準偏差）**

A 証券の投資収益率の期待値 $\mu_A = 10\%$，標準偏差 $\sigma_A = 8\%$，

B 証券の投資収益率の期待値 $\mu_B = 14\%$，標準偏差 $\sigma_B = 10\%$，

A 証券と B 証券の投資収益率の相関係数 $\rho = 0.2$ とする．

A 証券と B 証券をそれぞれ 50%ずつ保有するポートフォリオの投資収益率の期待値 μ と標準偏差 σ は各々次で与えられる．

$$\mu = 0.5\mu_A + 0.5\mu_B = 0.5 \times 10 + 0.5 \times 14 = 12(\%),$$
$$\sigma = \left(0.5^2\sigma_A^2 + 0.5^2\sigma_B^2 + 2 \times 0.5 \times 0.5\sigma_A\sigma_B\rho\right)^{\frac{1}{2}}$$
$$= 0.5 \times \left(8^2 + 10^2 + 2 \times 8 \times 10 \times 0.2\right)^{\frac{1}{2}}$$
$$= 0.5 \times \sqrt{64 + 100 + 32} = 0.5 \times \sqrt{196} = 7(\%)^{[28]}.$$

▷ **問 4.15** 例 4.16 の A 証券と B 証券の 2 証券からなるポートフォリオにおいて，A 証券の組み入れ比率を 0%から 100%まで 1%刻みで変化させたときの，ポートフォリオ投資収益率の標準偏差と期待収益率を Excel で計算し，得られた値を (σ, μ)-平面上に描きなさい（図 4.25）．

公式 4.8（確率変数の共分散公式 *）

(1) $Cov[X, Y] = \mathbb{E}[XY] - \mathbb{E}[X]\mathbb{E}[Y]$.

(2) $Y = c$(定数) とすると，$Cov[X, Y] = 0$.

(3) **双線形性**：W, X, Y, Z を確率変数，a, b, c, d を定数とすると，

$$Cov[aW + bX, cY + dZ] = acCov[W, Y] + bcCov[X, Y]$$
$$+ adCov[W, Z] + bdCov[X, Z].$$

! **注 4.9** 分散と共分散の定義より $\mathrm{Var}[X] = Cov[X, X]$ であるから，確率変数の共分散公式 (1) と (3) は，各々，期待値と分散の公式（公式 4.1）の (5) と 2 変量

---

[28] 最初の等式では，相関係数の定義（定義 4.22）から，(A, B 共分散) = (A 標準偏差) × (B 標準偏差) × (A, B 相関係数) $= \sigma_A\sigma_B\rho$ となることを用いている．

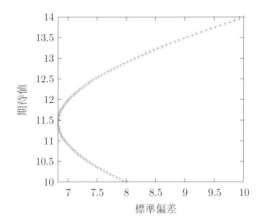

図 4.25 ポートフォリオ収益率（標準偏差, 期待値）

分散公式（公式 4.7）を一般化したものである.

▷ **問 4.16*** 確率変数の共分散公式（公式 4.8 (1)〜(3)）を証明しなさい.

4.5.4 確率変数の独立性

コイン投げをして, 裏が出るか, 表が出るかを確かめることを 2 回続けて行うとする. この試行に対応して,

$$X = \begin{cases} 1; & 1 回目に表が出る \\ 0; & 1 回目に裏が出る \end{cases}, \quad Y = \begin{cases} 1; & 2 回目に表が出る \\ 0; & 2 回目に裏が出る \end{cases}$$

という確率変数を定義する.

コイン投げ 1 回では, 裏表どちらも出るのが同様に確からしいとして, $\Pr[X = 1] = \Pr[X = 0] = \frac{1}{2}$ とする. ここで, コイン投げ 2 回では, **1 回目に表**が出た場合には, **2 回目に表が出る確率** $= \frac{2}{3}$, **裏が出る確率** $= \frac{1}{3}$. 一方, **1 回目に裏**が出た場合には, **2 回目に表が出る確率** $= \frac{1}{3}$, **裏が出る確率** $= \frac{2}{3}$ であるとする.

このとき, 同時確率は, たとえば, 1 回目に $\frac{1}{2}$ の確率で表が出て, かつ, この場合に 2 回目に表が出る確率が $\frac{2}{3}$ であるから,

$$\Pr[X=1, Y=1] = \frac{1}{2} \times \frac{2}{3} = \frac{1}{3}$$

となる. 同様にして,

$$\Pr[X=1, Y=0] = \frac{1}{2} \times \frac{1}{3} = \frac{1}{6}, \quad \Pr[X=0, Y=1] = \frac{1}{2} \times \frac{1}{3} = \frac{1}{6},$$

$$\Pr[X=0, Y=0] = \frac{1}{2} \times \frac{2}{3} = \frac{1}{3}.$$

これより, 周辺分布を求めると,

$$\Pr[X=1] = \Pr[X=1, Y=1] + \Pr[X=1, Y=0] = \frac{1}{3} + \frac{1}{6} = \frac{1}{2},$$

$$\Pr[X=0] = \Pr[X=0, Y=1] + \Pr[X=0, Y=0] = \frac{1}{6} + \frac{1}{3} = \frac{1}{2},$$

$$\Pr[Y=0] = \Pr[X=1, Y=0] + \Pr[X=0, Y=0] = \frac{1}{6} + \frac{1}{3} = \frac{1}{2},$$

$$\Pr[Y=1] = \Pr[X=1, Y=1] + \Pr[X=0, Y=1] = \frac{1}{3} + \frac{1}{6} = \frac{1}{2}$$

であるから, この場合,

$$\Pr[X=i, Y=j] \neq \Pr[X=i] \times \Pr[Y=j], \quad i, j = 1, 2$$

である.

　一方, **1 回目の裏表の出方と無関係**に 2 回目のコイン投げの結果が出ると
して, **2 回目に裏表が出る確率が各々** $\frac{1}{2}$ であるとすると, 同時分布は,

$$\Pr[X=1, Y=1] = \frac{1}{2} \times \frac{1}{2} = \frac{1}{4}, \quad \Pr[X=1, Y=0] = \frac{1}{2} \times \frac{1}{2} = \frac{1}{4},$$

$$\Pr[X=0, Y=1] = \frac{1}{2} \times \frac{1}{2} = \frac{1}{4}, \quad \Pr[X=0, Y=0] = \frac{1}{2} \times \frac{1}{2} = \frac{1}{4}.$$

周辺分布は

$$\Pr[X=1] = \frac{1}{2}, \quad \Pr[X=0] = \frac{1}{2}, \quad \Pr[Y=0] = \frac{1}{2}, \quad \Pr[Y=1] = \frac{1}{2}$$

となるから,

$$\Pr[X=i, Y=j] = \Pr[X=i] \times \Pr[Y=j], \quad i, j = 1, 2$$

が成立している．そこで，一般に確率変数の独立性を次で定義する．

> **定義 4.23（確率変数の独立性）**
>
> (1)　2 変量離散型確率変数 (X, Y) において，X と Y が**独立**である
> とは，
>
> $$(X, Y)\text{-同時確率} = (X\text{-周辺確率}) \times (Y\text{-周辺確率}),$$
>
> すなわち，
>
> $$\Pr[X = x_i, Y = y_j] = \Pr[X = x_i] \Pr[Y = y_j], \quad i, j = 1, 2, \cdots$$
>
> がすべての実現値の組合せ (x_i, y_j) について成立することである．
>
> (2)*　2 変量連続型確率変数 (X, Y) において，X と Y が**独立**である
> とは同時密度関数 $f(x, y)$ と周辺密度関数 $f_X(x)$, $f_Y(y)$ について
>
> $$f(x, y) = f_X(x) f_Y(y)$$
>
> がすべての (x, y) について成立することである．

多変量の確率変数の独立性も 2 変量の場合の自然な拡張として定義される．

> **定義 4.24（多変量確率変数の独立性 *）**
>
> n 変量離散型確率変数 $(X_1, \cdots, X_n)$ が**互いに独立**であるとは，n 個
> の確率変数の組 $(X_1, \cdots, X_n)$ から，任意の k $(k = 2, \cdots, n)$ 個の確率
> 変数の組 $(X_{k1}, \cdots, X_{kk})$ を取り出したとき，
>
> $$\Pr[X_{k1} = x_1, \cdots, X_{kk} = x_k] = \Pr[X_{k1} = x_1] \times \cdots \times \Pr[X_{kk} = x_k]$$
>
> がすべての $(x_1, \cdots, x_k)$ について成立することである．連続型確率変数
> の独立性も同様に定義される．

独立性と相関については，次の公式が成立する．

公式 4.9（独立ならば無相関）

確率変数 X と Y が独立ならば，X と Y は無相関である．

▷ **問 4.17**[*]　公式 4.9 を (X, Y) が離散型確率変数の場合について証明しなさい．

ヒント　相関の定義（定義 4.21）より，$Cov[X, Y] = 0$，すなわち，(X, Y) 共分散が 0 となることを独立性の定義（定義 4.23）を使って示せばよい．なお，連続型確率変数の場合の証明には，積分の知識が必要になるので省略するが，証明の仕方は，離散型の場合と本質的には同じである．

⚠ 注 4.10　公式 4.9 より，X と Y が独立ならば，X と Y は無相関となるが，一般に，X と Y が無相関であったとしても，X と Y が独立となるとは限らない．すなわち，公式 4.9 の逆は一般に成立しない（例 4.18 参照）．しかし，X と Y の確率分布が正規分布ならば逆も成立する[29]．

X と Y が独立ならば，公式 4.9 と 2 変量分散公式（公式 4.7）より次の公式が成立する．

公式 4.10（独立な 2 変量確率変数の分散公式）

a と b を定数とする．確率変数 X と Y が独立ならば，

$$\mathrm{Var}[aX + bY] = a^2 \mathrm{Var}[X] + b^2 \mathrm{Var}[Y].$$

さらに，公式 4.10 は，多変量確率変数の場合に一般化できる．

公式 4.11（独立な多変量確率変数の分散公式）

$a_1, \cdots, a_n$ を定数として，$X_1, \cdots, X_n$ を互いに独立な確率変数とする．このとき，次が成立する．

$$\mathrm{Var}[a_1 X_1 + \cdots + a_n X_n] = a_1^2 \mathrm{Var}[X_1] + \cdots + a_n^2 \mathrm{Var}[X_n].$$

---

[29] 証明は，岩城 (2012) などを参照．

▷ **問 4.18**＊　独立な 2 変量確率変数の分散公式（公式 4.10）を使って，独立な多変量確率変数の分散公式（公式 4.11）が成立することを示しなさい.

例 4.17（互いに独立で同一の分散をもつ確率変数列の平均の分散）

$X_1, \cdots, X_n$ は，互いに独立で同一の分散 σ^2 をもつ n 個の確率変数とする．すなわち，$\mathrm{Var}[X_1] = \cdots = \mathrm{Var}[X_n] = \sigma^2$ とする．このとき，独立な多変量確率変数の分散公式（公式 4.11）により

$$\mathrm{Var}\left[\frac{X_1 + \cdots + X_n}{n}\right] = \frac{1}{n^2}\mathrm{Var}[X_1] + \cdots + \frac{1}{n^2}\mathrm{Var}[X_n]$$
$$= \frac{1}{n^2}\sigma^2 + \cdots + \frac{1}{n^2}\sigma^2$$
$$= \frac{1}{n^2}(n \times \sigma^2) = \frac{\sigma^2}{n}.$$

したがって，$X_1, \cdots, X_n$ が，互いに独立で各々同一の分散 σ^2 をもつならば，次が成立する.

$$\boldsymbol{\frac{X_1 + \cdots + X_n}{n}} \textbf{の分散} = \boldsymbol{\frac{X_i \textbf{の分散}}{n}}$$
$$\Longleftrightarrow \quad \mathrm{Var}\left[\frac{X_1 + \cdots + X_n}{n}\right] = \frac{\mathrm{Var}[X_i]}{n} = \frac{\sigma^2}{n}, \quad i = 1, \cdots, n.$$

▷ **問 4.19**　$X_1, X_2, \cdots, X_{10}$ は，互いに独立で次の確率分布に従う確率変数とする.

$$X_i = \begin{cases} 1 & \text{確率} = \dfrac{1}{6} \\ 2 & \text{確率} = \dfrac{1}{6} \\ \vdots & \quad \vdots \\ 6 & \text{確率} = \dfrac{1}{6} \end{cases}, \quad i = 1, \cdots, 10.$$

このとき，$\mathrm{Var}\left[\dfrac{X_1 + \cdots + X_{10}}{10}\right]$ の値を求めなさい.

例 4.18（無相関 $\not\Rightarrow$ 独立の例）　2 変量離散型確率変数 (X, Y) の同時確率および周辺確率が表 4.2 のように与えられているとする（図 4.26）.

この場合,

$$\mathbb{E}[XY] = (-1 \times 0) \times \frac{1}{3} + (-1 \times 1) \times 0 + (0 \times 0) \times 0$$
$$+ (0 \times 1) \times \frac{1}{3} + (1 \times 0) \times \frac{1}{3} + (1 \times 1) \times 0 = 0.$$
$$\mathbb{E}[X] = -1 \times \frac{1}{3} + 0 \times \frac{1}{3} + 1 \times \frac{1}{3} = 0.$$
$$\mathbb{E}[Y] = 0 \times \frac{2}{3} + 1 \times \frac{1}{3} = \frac{1}{3}$$

であるから, 確率変数の共分散公式（公式 4.8）の (1) より, $Cov(X, Y) = \mathbb{E}[XY] - \mathbb{E}[X]\mathbb{E}[Y] = 0$. すなわち X と Y は無相関であるが,

$$\Pr(X = -1, Y = 0) = \frac{1}{3} \neq \Pr(X = -1)\Pr(Y = 0) = \frac{1}{3} \times \frac{2}{3},$$
$$\Pr(X = -1, Y = 1) = 0 \neq \Pr(X = -1)\Pr(Y = 1) = \frac{1}{3} \times \frac{1}{3},$$
$$\Pr(X = 0, Y = 0) = 0 \neq \Pr(X = 0)\Pr(Y = 0) = \frac{1}{3} \times \frac{2}{3},$$
$$\Pr(X = 0, Y = 1) = \frac{1}{3} \neq \Pr(X = 0)\Pr(Y = 1) = \frac{1}{3} \times \frac{1}{3},$$
$$\Pr(X = 1, Y = 0) = \frac{1}{3} \neq \Pr(X = 1)\Pr(Y = 0) = \frac{1}{3} \times \frac{2}{3},$$
$$\Pr(X = 1, Y = 1) = 0 \neq \Pr(X = 1)\Pr(Y = 1) = \frac{1}{3} \times \frac{1}{3}.$$

すなわち, X と Y は独立ではない.

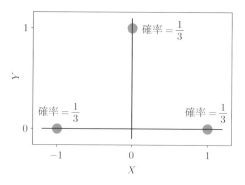

図 4.26　(X, Y) の確率分布

次に，正規分布の重要な性質を，証明なしに公式として挙げておく[30]．

公式 4.12（正規分布の再生性）

X と Y は互いに独立な確率変数で，各々，平均 μ_X，分散 σ_X^2 の正規分布 $N(\mu_X, \sigma_X^2)$ と平均 μ_Y，分散 σ_Y^2 の正規分布 $N(\mu_Y, \sigma_Y^2)$ に従うとする．このとき，

$$X + Y \sim N(\mu_X + \mu_Y, \sigma_X^2 + \sigma_Y^2),$$

すなわち，$X + Y$ は，平均 $\mu_X + \mu_Y$，分散 $\sigma_X^2 + \sigma_Y^2$ の正規分布に従う．

公式 4.3 より，正規分布に従う確率変数は，それを定数倍しても，正規分布となる．このことと，正規分布の再生性（公式 4.12）を用いると，次の公式を得る．

公式 4.13（独立同一な多変量正規分布の平均公式）

$X_1, \cdots, X_n$ は互いに独立な確率変数で，各々同一の平均が μ，分散が σ^2 の正規分布 $N(\mu, \sigma^2)$ に従うとする．

このとき，$X_1, \cdots, X_n$ の平均 $\dfrac{X_1 + \cdots + X_n}{n}$ は，平均が μ，分散が $\dfrac{\sigma^2}{n}$ の正規分布に従う．すなわち，

$$\frac{X_1 + \cdots + X_n}{n} \sim N\left(\mu, \frac{\sigma^2}{n}\right) \tag{4.9}$$

となる．

！注 4.11　$X_1, \cdots, X_n$ は互いに独立な確率変数で，各々，同一の平均 μ と分散 σ^2 の確率分布に従うとする．このとき，次が成立する（例 4.14 と例 4.17 を参照）．

$$\mathbb{E}\left[\frac{X_1 + \cdots + X_n}{n}\right] = \mu,$$

$$\mathrm{Var}\left[\frac{X_1 + \cdots + X_n}{n}\right] = \frac{\sigma^2}{n}.$$

この結果は，$X_1, \cdots, X_n$ の従う確率分布が何であっても成立する．公式 4.13 は，

---

[30] 証明は，岩城 (2012) を参照．

$X_1, \cdots, X_n$ が各々正規分布に従うとき, $\dfrac{X_1 + \cdots + X_n}{n}$ も正規分布に従うことを主張している点に注意してほしい.

本項最初のコイン投げを 2 回続けて行う例では, 2 回目に出る裏, 表に対応した Y の実現値の生起確率が, 1 回目に出た結果に対応する X の実現値に依存して変化し, X と Y は独立ではなかった. そこで, 一般に, 条件付き確率分布を次で定義する.

定義 4.25 (条件付き確率 *)

(1) 2 変量離散型確率変数 (X, Y) において, 同時確率 $\Pr[X = x_i, Y = y_j]$ と周辺確率 $\Pr[X = x_i]$ に対して,

$$\Pr[X = x_i, Y = y_j] = \Pr[X = x_i]\Pr[Y = y_j | X = x_i],$$
$$i, j = 1, 2, \cdots$$

となる $\Pr[Y = y_j | X = x_i]$ を $\{X = x_i\}$ **条件付き** $\{Y = y_j\}$ **の生起確率**という.

(2) 2 変量連続型確率変数 (X, Y) において, 同時密度関数 $f(x, y)$ と周辺密度関数 $f_X(x)$ に対して

$$f(x, y) = f_X(x) f_{Y|X=x}(y)$$

となる $f_{Y|X=x}(y)$ を $\{X = x\}$ **条件付き** Y **の確率密度関数**という.

! 注 4.12   定義 4.25 において, $\{X = x_i\}$, $i = 1, 2, \cdots$ を所与として, $\Pr[X = x_i] \neq 0$ とすると,

$$\Pr[Y = y_j | X = x_i] = \frac{\Pr[X = x_i, Y = y_j]}{\Pr[X = x_i]} \geq 0,$$

かつ,

$$\Pr[X = x_i, Y = y_1] + \Pr[X = x_i, Y = y_2] + \cdots = \Pr[X = x_i]$$

であるから (定義 4.18 参照),

$$\Pr[Y = y_1 | X = x_i] + \Pr[Y = y_2 | X = x_i] + \cdots = 1.$$

すなわち, $\Pr[Y = y_j | X = x_i]$, $j = 1, 2, \cdots$ は $\{X = x_i\}$ を所与として, $\{Y = y_j\}$, $j = 1, 2, \cdots$ の確率分布になっている.

同様に, $\{X = x\}$ を所与として, $f_X(x) \neq 0$ とすると, $f_{Y|X=x}(y)$ は Y の確率密度関数になっている.

例 4.19(条件付き確率 *)　本項最初のコイン投げを 2 回続けて行う例では, 2 回目の実現確率が 1 回目の結果に依存して変化する場合を考えた. このとき, Y の条件付き確率は次で与えられる.

$$
\begin{aligned}
\Pr[X = 1, Y = 1] &= \Pr[X = 1]\Pr[Y = 1 | X = 1] \\
&= \frac{1}{2}\Pr[Y = 1 | X = 1] = \frac{1}{3}, \\
\Pr[X = 1, Y = 0] &= \Pr[X = 1]\Pr[Y = 0 | X = 1] \\
&= \frac{1}{2}\Pr[Y = 0 | X = 1] = \frac{1}{6}, \\
\Pr[X = 0, Y = 1] &= \Pr[X = 0]\Pr[Y = 1 | X = 0] \\
&= \frac{1}{2}\Pr[Y = 1 | X = 0] = \frac{1}{6}, \\
\Pr[X = 0, Y = 0] &= \Pr[X = 0]\Pr[Y = 0 | X = 0] \\
&= \frac{1}{2}\Pr[Y = 0 | X = 0] = \frac{1}{3}.
\end{aligned}
$$

すなわち,

$$
\begin{aligned}
\Pr[Y = 1 | X = 1] &= \frac{2}{3}, \quad \Pr[Y = 0 | X = 1] = \frac{1}{3}, \\
\Pr[Y = 1 | X = 0] &= \frac{1}{3}, \quad \Pr[Y = 0 | X = 0] = \frac{2}{3}.
\end{aligned}
$$

4.6 大数の法則と中心極限定理

本章の最後に, 確率変数の独立性を仮定して導出される定理で, データ分析において最も重要な定理を 2 つ挙げておく.

定理 4.1（大数の法則）

確率変数 $X_1, \cdots, X_n$ は，互いに独立で同一の確率分布に従うとし，それらの期待値を μ とする．

このとき，個数 n を限りなく大きくしていくと，次が成立する．

$$X_1, \ldots, X_n \text{の平均} = \frac{X_1 + \cdots + X_n}{n} \to \mu \ (n \to \infty).$$

証明 [*] 確率変数 $X_1, \cdots, X_n$ は，互いに独立で同一の確率分布に従うとし，それらの期待値を μ，分散を σ^2 とする．このとき，

$$\mathbb{E}\left[\frac{X_1 + \cdots + X_n}{n}\right] = \mu,$$

$$\mathrm{Var}\left[\frac{X_1 + \cdots + X_n}{n}\right] = \frac{\sigma^2}{n}$$

となっていた(注 4.11 参照)．ここで，n を限りなく大きくしていくと，$\dfrac{\sigma^2}{n} \to 0$. すなわち，

$$\mathrm{Var}\left[\frac{X_1 + \cdots + X_n}{n}\right] \to 0 \ (n \to \infty)$$

となるので，大数の法則が成立する [31]． $\square$

大数の法則は，ある確率分布に従う確率変数について，繰り返して実現値を観測した場合，各観測実現値の生起が互いに独立であれば，**観測数が多くなるにつれて，実現値の平均がもともとの確率変数の期待値に近づくこと**を意味している．言い換えると，大数の法則は，データ分析上最も重要なメッセージを私たちにもたらしている．すなわち，大数の法則によって，標本を無作為抽出した場合，標本数を大きくしていくと，標本平均が母集団の平均に近づくことが保証されるということである [32]．

なお，確率変数の列が，互いに独立で同一の分布に従うということを，英語で independent and identically distributed ということから，一般に，このことを，**i.i.d.** と略す．

---

[31] 期待値と分散の公式（公式 4.1）(6) 参照.
[32] 標本，無作為抽出，母集団については第 5 章で詳しく取り上げる.

例 4.20（大数の法則）　$X_k \overset{\text{i.i.d.}}{\sim} \mathrm{Be}(p)$, $k = 1, 2, \cdots, n$. すなわち，確率変数 $X_1, \cdots, X_n$ は i.i.d. で，各 X_k は，パラメータ p のベルヌーイ分布 $\mathrm{Be}(p)$ に従っているとする．このとき，$\mathbb{E}[X_k] = p$ であるから [33]，大数の法則より，

$$\frac{X_1 + \cdots + X_n}{n} \to p \ (n \to \infty).$$

したがって，コイン投げを行って表が出るか，裏が出るかを観測するということを繰り返し行った場合，毎回，表が出る確率と裏が出る確率が各々 $\frac{1}{2}$ であるとすると，コイン投げの回数を無限に近づけていけば，表が出る回数は，全体の半数に近づいていく．

Excel 操作法 4.2（乱数の発生）

1. メニューバーの［データ］タブ $\Longrightarrow$ ［データ分析］$\Longrightarrow$ ［乱数発生］を選択し，［OK］をクリックする [34]．

2. ［乱数発生］画面の設定を所定の確率分布に従って行う．

確率分布をベルヌーイ分布にした場合

1. ［変数の数 (V)］は「1」に設定．

2. ［乱数の数 (B)］には発生させる乱数の数を入力．

3. ［ランダムシード (R)］は空欄のままか，適当な正の整数（たとえば，123）を入力 [35]．

4. ［分布 (D)］では「ベルヌーイ」を選択．

5. ［p 値 (P)］では，ベルヌーイ分布の確率 p を入力．

6. ［出力オプション］は［出力先 (O)］を選択し，隣の欄に乱数を出力するセルを指定．

7. 以上を確認し，［OK］をクリック（図 4.27）．

---

[33] 例 4.5 参照．

[34] メニューバーの［データ］タブに［分析］タブがない場合には，Excel 操作法 2.2（分析ツールの読み込み）によって［分析ツール］を有効にする．

図 4.27　Excel でのベルヌーイ分布に従った乱数の発生

▷ **問 4.20**　Excel でベルヌーイ分布に従う乱数を発生させることによって，擬似的にコインを 100 回，1000 回，10,000 回投げた場合について，裏表が何回出るか実験しなさい.

定理 4.2 （中心極限定理）

　確率変数 $X_1, \cdots, X_n$ は，互いに独立で各々同一の確率分布に従っているとする. $X_1, \cdots, X_n$ の平均を $\bar{X}_n = \dfrac{X_1 + \cdots + X_n}{n}$ で表すことにする. このとき，$\bar{X}_n$ を標準化した，

$$\frac{\bar{X}_n - \mathbb{E}[\bar{X}_n]}{\sqrt{\mathrm{Var}[\bar{X}_n]}}$$

は，確率変数の個数 n を限りなく大きくしていくと，標準正規分布に従うようになる[36].

　中心極限定理は，**ある確率分布に従う確率変数について，繰り返して実現値を観測した場合，各観測実現値の生起が互いに独立であれば，観測数が多**

---
[35]　［ランダムシード］に値を入力すると，乱数が固定され，繰り返し乱数を発生させても同じ乱数の値となる.
[36]　証明は，岩城 (2008) を参照.

くなるにつれて，実現値の平均を，その期待値を引いて標準偏差で割って標準化したものについては，それが，**標準正規分布から取り出したものと見なせるようになる**ということを意味している．このことは，正規分布がランダム・エラーを表す分布であったことを想起すると，いくらかは納得できるかもしれない．また，データ分析において，標本から母集団の分布について，推論や仮説検定を行う際に，基本的に正規分布に基づいて結論を導き出すことが行われている．中心極限定理は，このことの根拠を与えているといえる．

例 4.21（中心極限定理） $X_k \overset{\text{i.i.d.}}{\sim} \mathrm{Be}(p)$, $k = 1, 2, \cdots$ とする．このとき，$\bar{X}_n = \dfrac{X_1 + \cdots + X_n}{n}$ とすると，

$$\mathbb{E}[\bar{X}_n] = p, \quad \mathrm{Var}[\bar{X}_n] = \frac{p(1-p)}{n}$$

であるから [37]，中心極限定理より，

$$\frac{\bar{X}_n - p}{\sqrt{\dfrac{p(1-p)}{n}}}$$

は，$n \to \infty$ とすると，標準正規分布に従う．

例 4.22（Excel によるコイン投げ実験：標準化平均） Excel を使って擬似的に，コイン投げをして表が出るか，裏が出るかを観測することを 10,000 回繰り返したあと，表が出た回数の平均を標準化する．この実験を 1,000 回繰り返した場合の標準化した平均のヒストグラムを描いて標準正規分布の確率密度関数と比較してみる（図 4.28，図 4.29）．ただし，コイン投げの各回において表と裏の出る確率は，各々 0.5 であるとする．また，擬似的に，コイン投げをして表が出るか，裏が出るかを観測する実験を 10,000 回繰り返した結果を得るには，パラメータ $(n, p) = (10000, 0.5)$ の二項分布に従う乱数を発生させればよい [38]．

---

[37] 例 4.5，例 4.8 および注 4.11 を参照．

[38] $X_k \overset{\text{i.i.d}}{\sim} \mathrm{Be}(p)$, $k = 1, 2, \cdots, n$ のとき，$X_1 + \cdots + X_n$ の従う確率分布をパラメータ (n, p) の**二項分布**という．

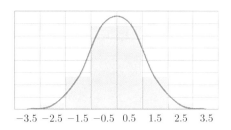

図 4.28　例 4.22 のヒストグラムと標準正規分布（区間幅 1）

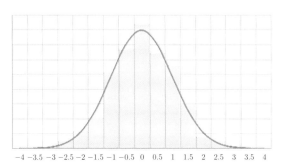

図 4.29　例 4.22 のヒストグラムと標準正規分布（区間幅 0.5）

1. ［データ］タブ ⇒ ［データ分析］⇒ ［乱数発生］を選択し，［OK］をクリック．

2. 変数の数 (<u>V</u>):1，乱数の数 (<u>B</u>):1000，分布 (<u>D</u>):二項，p 値 (<u>P</u>)= 0.5，試行回数 (<u>N</u>)= 10000 を入力して，［OK］をクリック（図 4.30）．

3. 新規ワークシートの A1:A1000 に乱数が表示されるので，セル B1 に標準化した平均を求める式＝(A1/10000-0.5)/SQRT(0.5*0.5/10000) を入力して，セル B1000 までコピー．

4. 度数分布を求めるための階級上限を入力する．セル C1 に −4，セル C2 に=C1+1 と入力し，C9 までコピー．

5. ［データ］タブ ⇒ ［データ分析］⇒ ［ヒストグラム］を選択し，［OK］をクリック．

6. 入力範囲 (<u>I</u>):$B$1:$B$1000，データ区間 (<u>B</u>):$C$1:$C$9，出力先 (<u>O</u>):$D$2 を入力して，［OK］をクリック．

図 4.30 Excel での二項分布に従った乱数の発生

7. F4 に区間 $[-4, -3]$ の階級値 -3.5 を=D3+0.5 として入力し，F11 までコピー．

8. G4 に区間 $[-4, -3]$ の相対度数を=E4/1000 として入力し，G11 までコピー．

9. H4 に階級値 -3.5 に対する標準正規分布確率密度関数値を =NORM.S.DIST(F4,FALSE) として入力し，H11 までコピー（図 4.31）．

	A	B	C	D	E	F	G	H
1	4942	=(A1/10000-0.5)/SQRT(0.5*0.5/10000)	-4					
2	5024	=(A2/10000-0.5)/SQRT(0.5*0.5/10000)	=C1+1	データ区間	頻度			
3	5059	=(A3/10000-0.5)/SQRT(0.5*0.5/10000)	=C2+1	-4	0	階級値	相対度数	標準正規分布 確率密度関数
4	4964	=(A4/10000-0.5)/SQRT(0.5*0.5/10000)	=C3+1	-3	0	=D3+0.5	=E4/1000	=NORM.S.DIST(F4,FALSE)
5	5161	=(A5/10000-0.5)/SQRT(0.5*0.5/10000)	=C4+1	-2	26	=D4+0.5	=E5/1000	=NORM.S.DIST(F5,FALSE)
6	5035	=(A6/10000-0.5)/SQRT(0.5*0.5/10000)	=C5+1	-1	135	=D5+0.5	=E6/1000	=NORM.S.DIST(F6,FALSE)
7	4967	=(A7/10000-0.5)/SQRT(0.5*0.5/10000)	=C6+1	0	340	=D6+0.5	=E7/1000	=NORM.S.DIST(F7,FALSE)
8	5014	=(A8/10000-0.5)/SQRT(0.5*0.5/10000)	=C7+1	1	341	=D7+0.5	=E8/1000	=NORM.S.DIST(F8,FALSE)
9	5063	=(A9/10000-0.5)/SQRT(0.5*0.5/10000)	=C8+1	2	133	=D8+0.5	=E9/1000	=NORM.S.DIST(F9,FALSE)
10	4990	=(A10/10000-0.5)/SQRT(0.5*0.5/10000)		3	23	=D9+0.5	=E10/1000	=NORM.S.DIST(F10,FALSE)
11	4897	=(A11/10000-0.5)/SQRT(0.5*0.5/10000)		4	2	=D10+0.5	=E11/1000	=NORM.S.DIST(F11,FALSE)
12	4965	=(A12/10000-0.5)/SQRT(0.5*0.5/10000)		次の級	0			

図 4.31 相対度数と正規分布確率密度の計算

10. セル範囲 F4:H11 を選択し，［挿入］タブ ⇒［グラフ］内［散布図 (X,Y) またはバブルチャートの挿入］🖭﹀ ⇒［散布図（平滑線）］📉 をクリック．

11. グラフエリア内を右クリック［グラフの種類を変更 (Y)］をクリック，左のメニューから，［組み合わせを］選択し，系列 1 のグラフの種類を［集合縦棒］，系列 2 のグラフの種類を［散布図（平滑線)］，に変更して，クリック（図 4.32）．

12. あとは，好みに応じて，グラフに変更を加えればよい．

　なお，図 4.29 は同じ乱数に対して，区間幅を 0.5 として，同様のグラフを描いたものである．ただし，この図を描くためには，区間幅が 0.5 なので，相対度数を (相対度数 ×2) に変更する必要がある．

図 **4.32**　グラフの組み合わせの変更

第5章 統計的推論

何らかの調査を行うとき，調査対象の全体ではなく，調査対象から取り出したいくつかの標本（サンプル）から全体について推測を行うことがある．このとき，取り出される標本を確率変数として扱い，その確率分布がどのようなものになるのかということが重要になる．

5.1 母集団と標本

定義 5.1（母集団）

何らかの調査を行うときの，調査対象の全体を**母集団**という．

たとえば，18 歳以上の日本人の年収を調べるとか，世界の従業員数 1,000 人以上の企業について，その営業利益を調べるといった場合には，18 歳以上の日本人，あるいは，従業員数 1,000 人以上の企業が母集団となる．

しかしながら，例に挙げたような母集団すべてについて調査を行うには，データを収集するための時間・労力・コストが膨大になってしまい，困難なことが多い．さらには，たとえば，過去から現在，そして将来の日経平均株価を母集団とすると，現時点で母集団をすべて観測することは不可能である．そのような場合には，母集団からその一部を取り出し，取り出された部分から母集団についての推測を行う．

定義 5.2（標本，標本抽出）

　母集団から取り出された部分のことを**標本**あるいは**サンプル**といい，標本を取り出すことを**標本抽出**あるいは**サンプリング**という（図 5.1）.

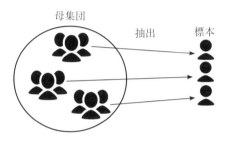

母集団　　　　抽出　　標本

図 5.1　標本抽出

　データ分析では，母集団について，その何らかの属性を調べる際には，その調査を試行と考えて，通常，その属性を数値化して，確率変数として扱う．たとえば，先の 18 歳以上の日本人の年収を調べるのであれば，18 歳以上の日本人一人ひとりの年収金額の値を実現値とする確率変数として考える．その際，この確率変数の従う確率分布を想定し，標本から，母集団の属性値の従う確率分布についての推測を行うことになる．なお，以下では，混乱の生じる恐れがない限り，母集団の属性値のことも母集団とよぶことにする．

定義 5.3（母集団分布）

　調査対象の母集団の従う確率分布のことを**母集団分布**とよぶ.

　標本から母集団分布についての推測を行うことを目的とする統計を**推測統計**という．

　さて，標本抽出の際，偏った抽出を行ってしまうと，母集団の属性をうまく推測できない．たとえば，世界の従業員 1,000 人以上の企業の営業利益の平均値を推測しようとするときに，標本として日本企業のみ 100 社選ぶとか，自動車製造業のみ 100 社選ぶとしたら，推測された平均値は，偏った値になって真の平均値を推測できるとは考えられない．

　母集団の属性を確率変数とした場合，標本抽出は，言い換えれば，確率変

数を取り出して実現値を観測するということといえる．この場合，n 個の標本を抽出することは，n 個の確率変数 $X_1, \cdots, X_n$ を取り出すことになるので，偏りがない抽出となるためには，$X_1, \cdots, X_n$ が互いに独立で同一の確率分布に従っている（すなわち，i.i.d.）確率変数となることが望ましいと考えられる．

定義 5.4（無作為抽出）

　n 個の標本を確率変数として標本抽出する際，それらが互いに独立で同一の確率分布に従うように抽出することを**無作為抽出**あるいは**ランダム・サンプリング**という（図 5.2）.

! 注 5.1　　以下，特に断らない限り，標本抽出は，無作為抽出であるとする．

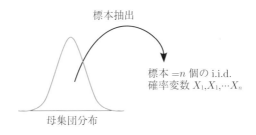

図 5.2　無作為抽出

5.2　推定量と点推定

　われわれは，標本から母集団についての推測を行う際，抽出した標本に何らかの計算を行い，この計算に基づいて推測を行う．

定義 5.5（母数）

- 母集団分布の特徴を与える数を**母数**という．
- 母集団分布の平均と分散，標準偏差をそれぞれ，**母平均**と**母分散**，**母標準偏差**という．

　定義 5.5 から，母平均や母分散などが母数となる．

> **定義 5.6（統計量，推定量，標本平均）**
>
> - 標本に何らかの計算を行ったものを**統計量**という.
> - 母数の推定のために用いられる統計量を**推定量**という.
> - $X_1, \cdots, X_n$ を n 個の標本としたとき，その平均
>
> $$\frac{X_1 + \cdots + X_n}{n}$$
>
> を**標本平均**という.

たとえば，ある母集団から抽出した n 個の標本 $X_1, \cdots, X_n$ から標本平均を計算したとすれば，これが統計量となる. また，母平均を標本平均で推定したとすれば，標本平均が母平均の推定量となる.

> **定義 5.7（点推定）**
>
> 母数を推定する場合，統計量の一つの値のみによって推定する方法を**点推定**という.

たとえば，母平均の推定にあたり，1 つの標本平均の値だけによって推定したのであれば，点推定となる.

無作為抽出した場合，推定量は確率変数となるので，標本抽出を何度か行って繰り返して推定量を計算した場合，**推定値**，すなわち，推定量の実現値は，一般に標本抽出を行うたびに異なった値となる. そこで，点推定を行う場合に，推定量に求められる望ましい性質として，たとえば，

1. 推定量の期待値が，母数に一致する.
2. 標本数を大きくしていくと，次第に母数に一致する.

などが挙げられる.

> **定義 5.8（不偏推定量，一致推定量）**
>
> - 推定量の期待値が母数に一致するとき，その推定量を**不偏推定量**という.
> - 標本数を限りなく大きくすると，推定量が母数に一致するとき，その推定量を**一致推定量**という.

例 **5.1**（**母平均の不偏推定量と一致推定量**）　n 個の標本から標本平均 $\dfrac{X_1 + \cdots + X_n}{n}$ を求めると，期待値の線形性（公式 4.5）から，

$$\text{標本平均の期待値} = \mathbb{E}\left[\frac{X_1 + \cdots + X_n}{n}\right] = \text{母平均}$$

となるので，標本平均は，母平均の不偏推定量である．また，大数の法則（定理 4.1）から，標本平均は，母平均の一致推定量となる．

標本平均は，母平均の不偏推定量であったが，**標本偏差**（= 標本 − 標本平均）の二乗の平均，すなわち，$\bar{X}$ を標本平均としたとき，

$$\frac{(X_1 - \bar{X})^2 + \cdots + (X_n - \bar{X})^2}{n}$$

は，母分散の不偏推定量となるだろうか？　実は，答えは No である．

定義 5.9（不偏分散，標本分散）

$X_1, \cdots, X_n$ を n 個の標本とし，$\bar{X}$ をその標本平均とする．このとき，

$$\begin{aligned}&\frac{(\text{標本偏差})^2\text{の総和}}{n-1}\\ = {}&\frac{(X_1 - \bar{X})^2 + \cdots + (X_n - \bar{X})^2}{n-1}\end{aligned} \tag{5.1}$$

とすると，式 (5.1) は母分散の不偏推定量となる．式 (5.1) を**標本分散**あるいは**不偏分散**とよぶ．

！注 5.2　標本分散の式 (5.1) において，n ではなく，$n-1$ で割っているところに注意してほしい．

▷ **問 5.1**＊　$n = 2$ のとき，不偏分散（式 (5.1)）が母分散の不偏推定量となることを示しなさい．

5.3　区間推定

点推定では，1 つの推定値しか用いていないため，場合によっては，真の

母数から離れた極端な値が出現してしまう可能性を排除できない．しかしながら，統計量の従う確率分布が特定できるならば，推定量に確率的な情報を付加することができる．

　いま，母集団分布が正規分布に従っているとする．この場合，無作為抽出して n 個の標本 $X_1, \cdots, X_n$ を取り出したとすると，標本平均

$$\frac{X_1 + \cdots + X_n}{n}$$

の従う確率分布はどのような確率分布になるのだろうか？　実は，われわれは，この答えをすでに知っている．

　母集団分布が平均 μ，分散 σ^2 の正規分布に従っているとすると，正規分布の再生性から，標本平均は，平均 μ，分散 $\dfrac{\sigma^2}{n}$ の正規分布となる（公式 4.13）．すなわち，

$$\textbf{標本平均は，平均 = 母平均，分散} = \frac{\textbf{母分散}}{n} \textbf{の正規分布}$$

に従っている．

　そこで，標本平均を標準化する，すなわち，

$$\frac{標本平均 - 母平均}{\sqrt{\dfrac{母分散}{n}}} = \frac{\bar{X} - \mu}{\sqrt{\dfrac{\sigma^2}{n}}} \tag{5.2}$$

とすれば，これは，標準正規分布に従うことになる（正規分布の標準化（公式 4.3））．式 (5.2) のことを **Z 統計量** という．

　Excel や統計ソフトを用いれば，Z 統計量が特定の値をとる範囲の確率を求めることができる．また，逆に確率を所与として，その確率内に収まる実現値の範囲を求めることもできる．

　たとえば，確率を 95% として，平均 0 を中心として，プラス・マイナス左右対称になるように実現値のとる範囲を求めると，

$$\Pr[-1.96 \leq Z \text{統計量} \leq 1.96] = 0.95 \tag{5.3}$$

となる（図 5.3）[1]．

---

[1] 実際の値は，$\pm 1.95996\cdots$ となるのだが，学習の便宜上 ± 1.96 としている．以下，他の確率点や確率値などの扱いも同様に適当な小数点までの表示にしている．

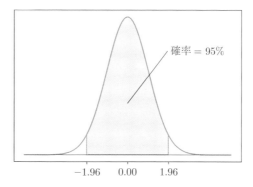

図 5.3 Z 統計量（標準正規分布）確率 95%区間

定義 5.10（左側確率点，右側確率点）

- 確率変数の実現値が ℓ 以下となる確率が x%となるとき，ℓ を，**左側 x%点**あるいは，**下側 x%点**という．
- 確率変数の実現値が r 以上となる確率が x%となるとき，r を，**右側 x%点**あるいは，**上側 x%点**という．

たとえば，Z 統計量では，左側 2.5%点は，-1.96 であり，右側 2.5%点は，1.96 である（図 5.3）．

Excel 操作法 5.1（標準正規分布の分布関数値と確率点の計算）

標準正規分布において，実現値が x 以下となる確率（＝分布関数値）と，所与の確率に対する左側確率点を求めるには，各々次の関数を用いる．

分布関数値

```
=NORM.S.DIST(x,1)
```

左側確率点

```
=NORM.S.INV(確率)
```

▷ **問 5.2**

1. Z 統計量の左側 2.5%点が，-1.96 となることを Excel で確かめなさい．
2. Z 統計量の右側 2.5%点が，1.96 となることを Excel で確かめなさい．

3. 式 (5.3) を Excel で確かめなさい.

われわれが推定したいのは, 母数の値であったが, 式 (5.2) と式 (5.3) から, 次の式を得る.

$$\mathrm{Pr}\left[標本平均 - 1.96\sqrt{\frac{母分散}{n}} \leq 母平均 \leq 標本平均 + 1.96\sqrt{\frac{母分散}{n}}\right] = 95\%$$
(5.4)

すなわち, 母平均の値は, 95%の確率で, 区間

$$\left[標本平均 - 1.96\sqrt{\frac{母分散}{n}}, \quad 標本平均 + 1.96\sqrt{\frac{母分散}{n}}\right]$$

に含まれているということになる.

! 注 5.3   標本平均は確率変数なので, この区間は, 標本抽出をする度に異なった値になり得る. すなわち, 95%の確率の意味は, 何度も標本抽出を行って繰り返し区間を求めた場合に, 95%の確率 (割合) で, それらの区間内に母平均が入るということを意味している.

▷ **問 5.3**[*]   式 (5.2) と式 (5.3) から式 (5.4) が成立することを確かめなさい.

例 5.2 (母平均の推定)   トヨタ自動車株の 2022 年 7 月 1 日～7 月 14 日における 10 日間の

$$日次収益率 = \frac{当日株価終値 - 前日株価終値}{前日株価終値}$$

は次のとおりであった.

日付	7/1	7/4	7/5	7/6	7/7	7/8	7/11	7/12	7/13	7/14
収益率 (単位：%)	-1.58	2.20	0.17	-2.80	2.26	0.28	1.92	-1.66	0.85	0.02

出典：yahoo! finance (https://finance.yahoo.com), 所収終値から収益率を計算.

このデータをもとに 95%の確率で, トヨタ自動車株の日次収益率の平均が何%から何%の間に入っているのか推定してみよう. ただし, 日次収益率は, 正規分布に従っているとし, その分散は $3.03\%^2$ であるとする [2)].

この場合，標本平均は 0.166% となるので，日次収益率の平均は，95% の確率で，区間

$$\left[0.166 - 1.96\sqrt{\frac{3.03}{10}},\ 0.166 + 1.96\sqrt{\frac{3.03}{10}}\right] = [-0.91,\ 1.24] \quad (5.5)$$

に含まれる．すなわち，95% の確率で日次収益率の平均は，-0.91% から 1.24% の間にあるといえる．

▷ **問 5.4** 例 5.2 において，Excel で標本平均の値と式 (5.5) の左辺を計算して，式 (5.5) の右辺の値を確かめなさい．

定義 5.11（区間推定）

例 5.2 のように，95% といった特定の確率を与えて，母数の値が含まれる区間によって，母数を推定するという推定方法を**区間推定**という．このとき，特定の確率を**信頼係数**あるいは**信頼水準**といい，母数が含まれる区間を**信頼区間**という．また，信頼区間の下限値を**信頼下限**，上限値を**信頼上限**という．

信頼係数としては，90%，95%，99% といった値がよく用いられている．

例 5.3（母平均の区間推定：母分散既知の場合）　例 5.2 では，母平均の信頼係数が 95%，信頼区間が $[-0.91, 1.24]$ であり，信頼下限が -0.91，信頼上限が 1.24 である．

5.3.1 母分散の区間推定

本節の冒頭では，母平均の区間推定について考えたが，ここでは，母集団分布が正規分布に従うとして，母分散の区間推定について説明する．母分散の不偏推定量は，標本分散であったが，母集団分布が正規分布であったとしても，標本分散は正規分布とはならない．このことは，X が正規分布に従うとすると，X^2 は，負の値を取らないし，$(-1)^2 = 1^2 = 1$ となることから，

[2)] 測定単位を％とすると，分散の定義から，分散の単位は％の二乗となる．

何となく想像がつくかもしれない.

公式 5.1（標本分散の χ^2 統計量）

$X_1, \cdots, X_n$ を分散 σ^2 の正規分布に従う母集団から無作為抽出した標本とし, $\bar{X}$ をその標本平均とする. このとき, **標本偏差の二乗和/母分散**, すなわち,

$$\frac{(X_1 - \bar{X})^2 + \cdots + (X_n - \bar{X})^2}{\sigma^2} \tag{5.6}$$

は**自由度 $n-1$ の χ^2 分布に従う** [3].

自由度 n の χ^2 分布とは, 次によって定義される確率分布である. χ^2 分布に従う統計量を **χ^2 統計量**といい, その実現値を **χ^2 値**という.

定義 5.12（χ^2 分布）

$Z_1, \cdots, Z_n$ を互いに独立で同一の標準正規分布に従う確率変数とする. このとき, $Z_1, \cdots, Z_n$ の**二乗和**, すなわち,

$$Z_1^2 + \cdots + Z_n^2 \tag{5.7}$$

の従う確率分布を**自由度 n の χ^2 分布**という（図 5.4）.

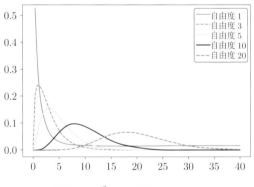

図 5.4　χ^2 分布の確率密度関数

---

[3] χ^2 は**カイ二乗**と読む. χ はギリシャ文字で英語の X の語源である.「なぜ χ^2 か？」というと, 正規分布の二乗の分布を表しているからである.

　ここで，式 (5.6) と式 (5.7) では，自由度の値が異なっていることに注目してほしい．式 (5.6) の自由度は，$n-1$ である．これは，式 (5.7) では，n 個の変数 $Z_1, \cdots, Z_n$ に制約がないのに対し，式 (5.6) では，

$$\frac{X_1 + \cdots + X_n}{n} = \bar{X}$$

という制約が 1 つあることに由来する．

▷ **問 5.5**[*]　定義 5.12 に従って，公式 5.1 が成立することを $n=2$ の場合について示しなさい [4]．

Excel 操作法 5.2（χ^2 分布）

　χ^2 分布の確率密度関数，左側確率点，右側確率点を求めるには，各々次の関数を用いる．

χ^2 分布の確率密度関数値
　=CHISQ.DIST(x,自由度,0)

χ^2 分布の左側確率点
　=CHISQ.INV(左側確率,自由度)

χ^2 分布の右側確率点
　=CHISQ.INV.RT(右側確率,自由度)

▷ **問 5.6**　自由度 3，自由度 5，自由度 10 の χ^2 分布の確率密度関数のグラフを $0 \leq x \leq 20$ の範囲で Excel を使って描きなさい．

　さて，母分散の区間推定であるが，これは，式 (5.6) によって行えばよい．

$$\frac{\text{標本偏差の二乗和}}{\text{母分散}} = \frac{(X_1 - \bar{X})^2 + \cdots + (X_n - \bar{X})^2}{\sigma^2}$$

$$= \frac{\text{標本分散} \times (n-1)}{\text{母分散}}$$

---

[4] $n \geq 3$ の場合の証明はかなり厄介であるが，本質的には $n = 2$ の場合と同じである（$n \geq 3$ の場合の証明については，竹内 (1963) を参照）．

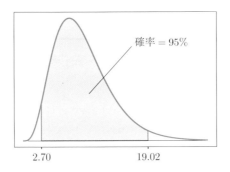

確率 = 95%

2.70   19.02

図 5.5　自由度 9 の χ^2 分布の確率 95%区間

は，自由度 $n-1$ の χ^2 分布に従っていた [5]．したがって，たとえば，信頼
係数を 95%とするならば，χ^2_{n-1} を自由度 $n-1$ の χ^2 分布に従う確率変数と
して，

$$\Pr[a \leq \chi^2_{n-1} \leq b] = 0.95 \tag{5.8}$$

となるような，$[a,b]$ を Excel などを使って求めればよい（図 5.5）．そうす
ると，

$$\Pr\left[\frac{標本分散 \times (n-1)}{b} \leq 母分散 \leq \frac{標本分散 \times (n-1)}{a}\right] = 0.95 \tag{5.9}$$

となって，信頼区間が求められる．以上の結果を公式としてまとめておく．

公式 5.2（母分散の信頼区間）

標本サイズを n とする．

$a =$ 自由度 $n-1$ の χ^2 分布左側 2.5%点，

$b =$ 自由度 $n-1$ の χ^2 分布右側 2.5%点 (=左側 97.5%点)

とする．このとき，母分散の 95%信頼区間は次で与えられる．

$$\left[\frac{標本分散 \times (n-1)}{b}, \quad \frac{標本分散 \times (n-1)}{a}\right]$$

---

[5] 2 番目の等式には，標本分散の定義（定義 5.9）を用いた．

▷ **問 5.7**[*]　式 (5.8) から式 (5.9) が成立することを示しなさい.

例 5.4（母分散の信頼区間）　例 5.2 の標本を用いて母分散の 95% 信頼区間を求めてみよう.

　今の場合, 標本数は 10 なので, 自由度 $10 - 1 = 9$ である. Excel などを使って, 自由度 9 の χ^2 分布左側 2.5% 確率点と右側 2.5% 確率点を求めると,

$$左側 2.5\%確率点 = 2.70,$$
$$右側 2.5\%確率点 = 19.02$$

となる. また, 標本分散を求めると, 3.031 となる. したがって, 公式 5.2 （母分散の信頼区間）より, 母分散の 95% 信頼区間は, $[1.43, 10.10]$（単位は $\%^2$）となる.

Excel 操作法 5.3（標本分散）

標本分散を求めるには, 次の関数を用いる.
```
=VAR.S(データの入力範囲)
```

▷ **問 5.8**　例 5.4 の母分散の 95% 信頼区間について Excel を使って確かめなさい.

5.3.2　母平均の区間推定

　先に母平均の区間推定は, 式 (5.2)

$$\frac{標本平均 - 母平均}{\sqrt{\dfrac{母分散}{n}}}$$

が標準正規分布に従うことを用いて行っていた. しかしながら, 母分散の値がわかっていることはまれで, むしろわからないことのほうが普通である. それでは, 母分散の値がわかっていない場合に, どのようにして母平均の区

間推定をしたらいいのだろうか？　この場合，母分散の代わりに，標本分散
を使うことが考えられる．すなわち，上式に代えて

$$\frac{標本平均 - 母平均}{\sqrt{\dfrac{標本分散}{n}}} \tag{5.10}$$

の従う確率分布を考えるということである．しかしながら，前項で見たよう
に，標本分散は正規分布には従わなかった．同様に，式 (5.10) は正規分布に
は従わない．

公式 5.3（標本平均の t 統計量）

$X_1, \cdots, X_n$ を正規分布に従う母集団から無作為抽出した標本とし，$\bar{X}$
と S^2 を各々，標本平均と標本分散とする．すなわち，

$$\bar{X} = \frac{X_1 + \cdots + X_n}{n},$$
$$S^2 = \frac{(X_1 - \bar{X})^2 + \cdots + (X_n - \bar{X})^2}{n - 1}$$

とする．

このとき，

$$\frac{標本平均 - 母平均}{\sqrt{\dfrac{標本分散}{n}}} = \frac{\bar{X} - \mu}{\sqrt{\dfrac{S^2}{n}}} \tag{5.11}$$

は**自由度** $n - 1$ の **t 分布**に従う．

! 注 5.4　公式 5.1 と同様に，標本分散を用いているため，自由度が $n-1$ となる
ことに注意．

　自由度 n の t 分布とは，次によって定義される確率分布である．また，t 分
布に従う統計量を **t 統計量**といい，その実現値を **t 値**という．

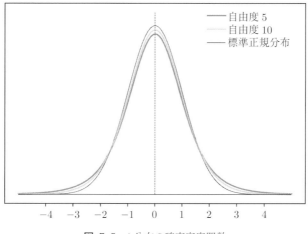

図 5.6 t 分布の確率密度関数

定義 5.13（t 分布）

　Z を標準正規分布に従う確率変数，χ_n^2 を自由度 n の χ^2 分布に従う確率変数とし，互いに独立であるとする．このとき，

$$\frac{Z}{\sqrt{\dfrac{\chi_n^2}{n}}}$$

の従う確率分布を**自由度 n の t 分布**という（図 5.6）．

　図 5.6 は，自由度 5 と自由度 10 の t 分布と標準正規分布の確率密度関数のグラフであるが，t 分布の確率密度関数は，標準正規分布と同様に，0 を中心に左右対称な釣り鐘型をしている．ただし，標準正規分布と比較して，中心 0 での高さが低く，中心から離れた裾の部分が厚くなっていることがわかる．また，自由度を大きくしていくと，次第に標準正規分布に近づいていく．

▷ **問 5.9**[∗]　標本平均 $\bar{X}$ と標本分散 S^2 が互いに独立であるとして，式 (5.11) が自由度 $n-1$ の t 分布に従うことを示しなさい [6]．

　さて，以上の準備の下に，信頼係数を 95% として，母平均の信頼区間を導

---

[6] 実際，$\bar{X}$ と S^2 は互いに独立となる（竹内 (1963) 参照）．

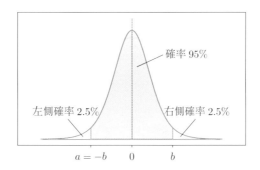

$$\textbf{図 5.7}\quad t \text{ 統計量} = \frac{\text{標本平均} - \text{母分散}}{\sqrt{\dfrac{\text{標本分散}}{n}}}\ \text{の確率分布}$$

出しよう．今，a と b をそれぞれ自由度 $n-1$ の t 分布左側 2.5% 点と右側 2.5% 点とする．すると，公式 5.3 より，

$$\Pr\left[a \leq \frac{\text{標本平均} - \text{母平均}}{\sqrt{\dfrac{\text{標本分散}}{n}}} \leq b \right] = 95\% \tag{5.12}$$

となる（図 5.7）．ここで，t 分布の確率密度関数が 0 を中心に左右対称になっていることから，$a = -b$ となることに注意すると，式 (5.12) より，

$$\Pr\left[\text{標本平均} - b\sqrt{\frac{\text{標本分散}}{n}} \leq \text{母平均} \leq \text{標本平均} + b\sqrt{\frac{\text{標本分散}}{n}} \right]$$
$$= 95\% \tag{5.13}$$

となる．したがって，母平均の信頼区間は次の公式のとおりとなる．

公式 5.4（母平均の信頼区間）

標本サイズを n として，

$$b = \text{自由度 } n-1 \text{ の } t \text{ 分布右側 } 2.5\% \text{点 } (= \text{左側 } 97.5\% \text{点})$$

とする．このとき，母平均の 95% 信頼区間は次で与えられる．

$$\left[標本平均 - b \times \sqrt{\frac{標本分散}{n}}, \quad 標本平均 + b \times \sqrt{\frac{標本分散}{n}} \right]$$

例 5.5（母平均の信頼区間）　例 5.2 の標本を用いて母平均の 95%信頼区間を求めてみよう.

今の場合，標本数は 10 なので，自由度 $10 - 1 = 9$ である．Excel などを使って，自由度 9 の t 分布右側 2.5%確率点を求めると，

$$右側 2.5\%確率点 = 2.26$$

となる．また，標本平均と標本分散を求めると，各々 0.166% と $3.031\%^2$ となる．したがって，公式 5.4 より，母平均の 95%信頼区間は，$[-1.08\%, 1.41\%]$ となる．

Excel 操作法 5.4（t 分布）

t 分布の確率密度関数値，累積分布関数値，左側確率点，右側確率点を求めるには，各々次の関数を用いる.

t 分布の確率密度関数値
   =T.DIST(x, 自由度, 0)
t 分布の累積分布関数値
   =T.DIST(x, 自由度, 1)
t 分布の左側確率点
   =T.INV(左側確率, 自由度)
t 分布の右側確率点
   =T.INV.RT(右側確率, 自由度)

▷ **問 5.10**　Excel を使って図 5.6 の確率密度関数のグラフを描きなさい.

▷ **問 5.11**　例 5.5 の母平均の 95%信頼区間について Excel を使って確かめなさい.

第6章　仮説検定

　仮説検定とは，母集団についての仮説を立てたとき，その仮説が間違っ・・・・
いるのかどうかを標本に基づいて検証することである．

6.1　仮説検定の手順

　仮説検定は，次の手順で行われる．

仮説検定の手順 1

1. **仮説の設定**
　　まずは，仮説検定の結果，**棄却**（間違っていたという判断）されるべき
　仮説を立てる．この仮説は，棄却されるべきものなので，**帰無仮説**とよ
　ばれている[1]．帰無仮説と同時に，帰無仮説が棄却された場合に採択さ
　れる仮説，**対立仮説**を立てる．

2. **検定統計量の計算**
　　標本から，仮説を検定するための統計量，すなわち，**検定統計量**を求
　める．

3. **検定統計量の従う確率分布と有意水準，棄却域の設定**
　　帰無仮説が正しいとした場合の検定統計量の従う確率分布を求める．こ
　の確率分布の下で，実際の標本から計算された検定統計量の値が極端な
　値であり，そのような値が確率的にめったに起こり得ない値であったと

---
[1] 帰無仮説は棄却されて初めて調査や実験の意図が達成されるので，そのような意味で
帰無仮説（無に帰される仮説）とよばれている．

するならば，帰無仮説を棄却する．

　検定統計量の値が，「どの程度の低い確率で出現したならば帰無仮説を棄却するか」という基準となる確率を**有意水準**という[2]．有意水準としては，10%，5%，1%といった値が用いられる．

　また，有意水準以下の確率で検定統計量の実現値が出現する実現値の範囲を**棄却域**という．

4. **結果の判定**

　検定統計量の実現値が棄却域に入った場合，「帰無仮説を棄却して対立仮説を採択する」．この検定結果は，

「有意水準○○%で有意である」

という．一方，検定統計量の実現値が棄却域に入らなかった場合，

「有意水準○○%で帰無仮説を棄却できない」

という．

例 6.1（仮説検定）　例 5.2 では，母集団をトヨタ自動車株の日次収益率として，2022 年 7 月 1 日〜7 月 14 日における 10 日間の日次収益率を標本とすると，標本平均は 0.166%，標本分散は 3.031%^{2} であった．

　母集団分布が母平均 μ，母分散 σ^2 の正規分布 $N(\mu, \sigma^2)$ に従っているとして，

$$帰無仮説\ H_0:\ \mu = 2\%$$
$$対立仮説\ H_1:\ \mu \neq 2\%$$

に対して，先の標本をもとに有意水準 5% で検定する．

　帰無仮説が正しいとすると，母平均 = 2% なので，検定統計量として

$$\frac{標本平均 - 2}{\sqrt{\dfrac{標本分散}{標本数}}} \tag{6.1}$$

を用いると[3]，公式 5.3（標本平均の t 統計量）から，これは，自由度 $n-1$

---

[2] 「その確率より小さいならば，偶然ではなく，必然的な意味がある」という意味で **有意水準**とよばれている．

の t 分布に従う. いまの場合, 自由度は, $10 - 1 = 9$ なので, Excel など
によって自由度 9 の t 分布の右側 2.5%点を求めると, 2.26 となる. t 分
布は, 実現値 0 を中心に対称の分布であったから, 帰無仮説が正しいとす
ると,

$$\Pr\left[\left|\frac{標本平均 - 2}{\sqrt{\dfrac{標本分散}{標本数}}}\right| \geq 2.26\right] = 5\%$$

となる. したがって, 有意水準を 5%とすると, 棄却域は, -2.26 以下と
2.26 以上の実現値の領域となる (図 6.1).

さて, 標本から求めた値を式 (6.1) に代入すると,

$$\frac{標本平均 - 2}{\sqrt{\dfrac{標本分散}{標本数}}} = \frac{0.166 - 2}{\sqrt{\dfrac{3.031}{10}}} = -3.33$$

となるので, $-3.33 < -2.26$ である. したがって, 標本から求めた検定統
計量の実現値は棄却域に入っていることになるので, 有意水準 5%で帰無
仮説は棄却される, すなわち「母平均は 2%ではない」という結論になる.

例 6.1 において, 帰無仮説が正しいとすると,

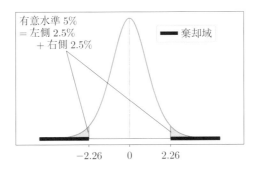

図 6.1 自由度 9 の t 分布:有意水準と棄却域

---

3) この例では, 測定単位を%としている.

$$\frac{標本平均 - 母平均}{\sqrt{\dfrac{標本分散}{標本数}}}$$

が 2.26 以上あるいは -2.26 以下となる確率は 5% と，非常にまれなものであり，この値が -3.33 となるのは，異常な値が生じていると考えられる．したがって，「母平均が 2% である」とするのには無理があるとする．このことが，帰無仮説を棄却した根拠である．

! 注 6.1（仮説の採択について） 仮説検定は，帰無仮説の下で検定を行う人が期待する結果が生じなかったことを根拠として，**帰無仮説を棄却して否定することを目的としている**．したがって，帰無仮説が棄却されなかったとしても帰無仮説が真であることが積極的に支持されたわけではないので，「帰無仮説を採択する」とは言わない．

! 注 6.2（検定の結果について） 結果の判定は，検定統計量の値が棄却域に入るか否かで行われる．したがって，有意水準を 1〜10% とした場合でも，有意水準以下の低い確率であるが，帰無仮説が正しいのにもかかわらず，検定量が棄却域に入ることはある．このとき，帰無仮説は間違っているとされてしまう．このことは，真実とは異なる判定結果といえるので，**第 1 種の過誤**とよばれている．一方，帰無仮説が正しくないのにもかかわらず，検定統計量の従う確率分布が検定を行った分布と異なっているため，検定統計量の値が棄却域に入らず帰無仮説を棄却できないという間違いも起こり得る．この間違いは**第 2 種の過誤**といわれている．確率に基づいて仮説検定を行う以上，これらの過誤を完全に排除することはできない．検定の結果を引用する際には，これらの過誤があるということを念頭に入れておく必要がある．

▷ **問 6.1** Excel で自由度 9 の t 分布の右側 2.5% 点を求めたあと，例 6.1 の検定統計量（式 (6.1)）を求めることによって，例 6.1 の結果を確かめなさい．

次に，例 6.1 において，帰無仮説は同じとして，対立仮説を

$$H_1 : \mu < 2$$

とする．この場合，標本平均 $\bar{X}$ が母平均 $\mu = 2$ より相当に小さくなった場合にだけ，帰無仮説を棄却するということになる．すなわち，

$$\frac{(\text{標本平均} - 2)}{\sqrt{\dfrac{\text{標本分散}}{\text{標本数}}}}$$

が十分に小さい負の値になったときにだけ，帰無仮説を棄却することになる．Excel などによって自由度 9 の t 分布左側 5%確率点を求めると -1.71 であり，$-3.33 < -1.71$ である．したがって，この場合も，有意水準 5%で帰無仮説を棄却することになる．

最初の対立仮説 $H_1 : \mu \neq 2$ の場合，棄却域は，検定統計量の値が中心 0 から左側か右側に著しく外れた領域であった．一方，対立仮説が $H_1 : \mu < 2$ の場合，棄却域は左側の領域のみとする．

定義 6.1（両側検定と片側検定）

検定統計量の確率分布のグラフにおいて棄却域を中心から著しく外れた左側と右側の 2 つの領域とする検定を**両側検定**という．一方，棄却域を確率分布のグラフの右側あるいは左側だけの領域とする検定を**片側検定**といい，特に右側だけとするものを**右側片側検定**，左側だけとするものを**左側片側検定**という（図 6.2）．

片側対立仮説か両側対立仮説かは，問題の内容によって検定を行う人が選択すべきものである．一般に，両側検定は，母数の値がある目標値と等しいかどうかだけを調べる場合に用いられる．

一方，片側検定は母数の大小関係が予測される場合に使われる．たとえば，景気向上の経済政策の効果を調べる場合，政策施行の前後での日経平均株価を比べるとすると，政策に効果があれば施行後の日経平均株価が高くなっているはずである．このような場合，われわれが知りたいのは政策施行前後の日経平均株価の値が異なっていることだけではなくて，日経平均株価が上昇したかどうかなので，対立仮説を不等号で与える片側検定を用いることになる．

定義 6.2（p 値）

両側検定と片側検定において，以下の値を p 値とよぶ．

1. 両側検定では

検定統計量 $>$ 標本から求めた検定統計量実現値の絶対値

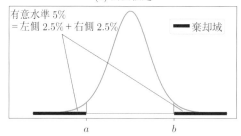

(a) 両側検定

有意水準 5%
＝左側 2.5%＋右側 2.5%

棄却域

a　　　　b

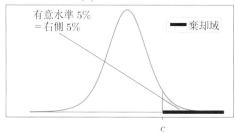

(b) 右側片側検定

有意水準 5%
＝右側 5%

棄却域

c

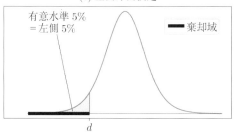

(c) 左側片側検定

有意水準 5%
＝左側 5%

棄却域

d

図 6.2　両側検定と片側検定

となる確率を 2 倍した値.

2.　右側片側検定では

　　　　検定統計量 ＞ 標本から求めた検定統計量実現値

となる確率の値.

3.　左側片側検定では

$$\text{検定統計量} < \text{標本から求めた検定統計量実現値}$$

となる確率の値.

すなわち，p 値は，

$$(p\,\text{値} < \text{有意水準}) \Longrightarrow \text{帰無仮説棄却}$$

ということを意味している（図 6.3）.

6.2 正規母集団に対する仮説検定

母集団の分布が平均 μ，分散 σ^2 の正規分布 $N(\mu, \sigma^2)$ である場合の仮説検定について説明する.

6.2.1 母平均に関する検定

μ_0 を特定の値として，帰無仮説を

$$H_0 : \mu = \mu_0$$

とする．この検定は標本平均 $\bar{X}$ が μ_0 からどれくらい離れているのかを考慮することによって行われる.

6.2.1.1 母分散 σ^2 が既知のとき

帰無仮説が正しいとすると，5.3 節の区間推定のところで説明したように，標本数 n として，Z 統計量の式 (5.2)：

$$Z = \frac{\text{標本平均} - \text{母平均}}{\sqrt{\dfrac{\text{母分散}}{n}}}$$

$$= \frac{\bar{X} - \mu_0}{\sqrt{\dfrac{\sigma^2}{n}}}$$

は標準正規分布に従う．これを用いると，有意水準を 5% とした場合，仮説

(a) 両側検定

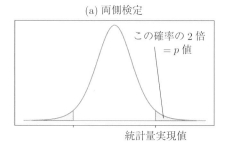

この確率の2倍
= p 値

統計量実現値

(b) 右側片側検定

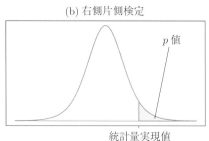

p 値

統計量実現値

(c) 左側片側検定

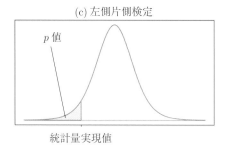

p 値

統計量実現値

図 6.3 p 値

検定は次のとおりになる.

仮説検定の手順2	（母平均の仮説検定：母分散既知の場合）

1. 対立仮説を $H_1 : \mu \neq \mu_0$ とする両側検定の場合
   標準正規分布左側 2.5% 点 $= -1.96$, 標準正規分布右側 2.5% 点 $= 1.96$
   なので,

$$-1.96 < \frac{標本平均 - \mu_0}{\sqrt{\dfrac{母分散}{n}}} < 1.96$$

のとき帰無仮説 H_0 を棄却せず，それ以外は棄却する.

2. 対立仮説を $H_1 : \mu > \mu_0$ とする右側片側検定の場合
標準正規分布右側 5% 点 $= 1.64$ なので，

$$1.64 < \frac{標本平均 - \mu_0}{\sqrt{\dfrac{母分散}{n}}}$$

のとき帰無仮説 H_0 を棄却し，それ以外は棄却しない.

3. 対立仮説を $H_1 : \mu < \mu_0$ とする左側片側検定の場合
標準正規分布左側 5% 点 $= -1.64$ なので，

$$\frac{標本平均 - \mu_0}{\sqrt{\dfrac{母分散}{n}}} < -1.64$$

のとき帰無仮説 H_0 を棄却し，それ以外は棄却しない.

例 6.2（母分散が既知のときの母平均の検定）　2022 年 8 月 1 日〜8 月 5 日の 1 週間における 5 営業日の円・ドル為替レートは，次のとおりであった.

日付	8/1	8/2	8/3	8/4	8/5
為替レート (¥/\$)	133.41	131.57	133.38	133.96	132.62

出典：yahoo! finance (https://finance.yahoo.com)

このとき，

$$帰無仮説\ H_0 : 母平均\mu = 132,$$
$$対立仮説\ H_1 : 母平均\mu \neq 132$$

として，5% の有意水準で検定する. ただし，母分散の値は 0.8542 であることが既知とする.

いまの場合，標本平均 $\bar{X} = 132.99$，母分散 $\sigma^2 = 0.8542$ であるから，Z 統計量の値は

$$\frac{132.99 - 132}{\sqrt{\dfrac{0.8542}{5}}} = 2.39.$$

標準正規分布右側 2.5% 点は，1.96 であったから，

$$1.96 < Z\,\text{統計量} = 2.39$$

となる．また，p 値は，1.68% である．よって，有意水準 5% で帰無仮説
は棄却される．したがって，有意水準 5% で円・ドル為替レートの平均は
132 (¥/$) と異なるといえる（図 6.4）．

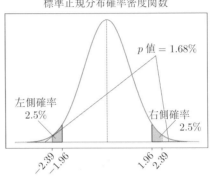

図 6.4　例 6.2：母分散が既知ときの母平均の検定

▷ **問 6.2**　例 6.2 を Excel で確かめなさい．

6.2.1.2　母分散 σ^2 が未知のとき

母分散 σ^2 が未知のときには，$X_1, \cdots, X_n$ を標本として，Z 統計量の式の
母分散 σ^2 を標本分散

$$S^2 = \frac{(X_1 - \bar{X})^2 + \cdots + (X_n - \bar{X})^2}{n-1}$$

で置き換えた

$$\frac{\bar{X} - \mu_0}{\sqrt{\dfrac{S^2}{n}}} = \frac{\text{標本平均} - \mu_0}{\sqrt{\dfrac{\text{標本分散}}{n}}}$$

を検定統計量とする．このとき，帰無仮説が正しいとすると，公式 5.3（標本
平均の t 統計量）によって，この検定統計量は，自由度 $n-1$ の t 分布に従っ
ていた．したがって，

$$\text{帰無仮説 } H_0 : \text{母平均}\mu = \mu_0$$

の検定は，有意水準を 5%とすると次のとおりとなる．

仮説検定の手順 3（母平均の仮説検定）

1. 対立仮説を $H_1 : \mu \neq \mu_0$ とする両側検定の場合

$$a = \text{自由度 } n-1 \text{ の } t \text{ 分布の左側 } 2.5\% \text{点,}$$
$$b = \text{自由度 } n-1 \text{ の } t \text{ 分布の右側 } 2.5\% \text{点}$$

として，

$$a = -b < \frac{\text{標本平均} - \mu_0}{\sqrt{\dfrac{\text{標本分散}}{n}}} < b$$

のとき帰無仮説 H_0 を棄却せず，それ以外は棄却する．

2. 対立仮説を $H_1 : \mu > \mu_0$ とする右側片側検定の場合

$$c = \text{自由度 } n-1 \text{ の } t \text{ 分布の右側 } 5\% \text{点}$$

として，

$$c < \frac{\text{標本平均} - \mu_0}{\sqrt{\dfrac{\text{標本分散}}{n}}}$$

のとき帰無仮説 H_0 を棄却し，それ以外は棄却しない．

3. 対立仮説を $H_1 : \mu < \mu_0$ とする左側片側検定の場合

$$d = \text{自由度 } n-1 \text{ の } t \text{ 分布の左側 } 5\% \text{点}$$

として，

$$\frac{\text{標本平均} - \mu_0}{\sqrt{\dfrac{\text{標本分散}}{n}}} < d$$

のとき帰無仮説 H_0 を棄却し，それ以外は棄却しない．

なお，この検定は，t 分布に従う検定統計量を使うことから，発案者の名前

をとってスチューデントの **t 検定**という [4].

例 6.3（母平均の t 検定）　例 6.2 において，今度は母分散の値が未知で
あるとして，同じ仮説検定をしてみる．

　与えられた標本から，標本平均 $\bar{X} = 132.99$，標本分散 $= 0.8542$ とな
るので，

$$t\, 統計量 = \frac{標本平均 - \mu_0}{\sqrt{\dfrac{標本分散}{n}}}$$

$$= \frac{132.99 - 132}{\sqrt{\dfrac{0.8542}{5}}} = 2.39.$$

一方，自由度 $5 - 1 = 4$ の t 分布左側 2.5%点は -2.78，右側 2.5%点は
2.78 であるから，

$$-2.78 < t\, 統計量 = 2.39 < 2.78.$$

また，p 値は 7.51% である．したがって，この場合は，有意水準 5% で帰
無仮説を棄却できない（図 6.5）．すなわち，円・ドル為替レートの平均
は，132 (¥/$) と異なるとはいえないということになる．

自由度 4 の t 分布確率密度関数

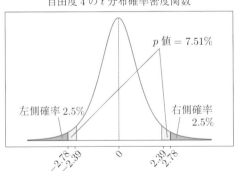

図 6.5　例 6.3：母平均の t 検定

---

[4] スチューデントというのは，発案者が論文投稿の際に用いたペン・ネームで，本名は
ウィリアム・シーリー・ゴセット (William Sealy Gosset) である．

! 注 6.3 例 6.2 と例 6.3 の結果をよく比較してほしい. これらの例では, 母分散
= 標本分散となっているので, 「Z 統計量 $= t$ 統計量」となっている. それにもか
かわらず, 検定結果が異なっている.

▷ **問 6.3** 例 6.3 を Excel で確かめなさい.

例 6.4 (母平均の片側 t 検定) 例 6.3 では, 両側検定であったが, 同じ
データを用いて,

$$帰無仮説 H_0 : 母平均\mu = 132,$$
$$対立仮説 H_1 : 母平均\mu > 132$$

として, 5% の有意水準で片側検定を行ってみる. 今の場合, 検定統計量
の t 値は, 2.39 である. 一方, 自由度 4 の t 分布右側 5%点は 2.13, 検定
統計量の p 値は 3.76% である (図 6.6). したがって, 有意水準 5%で帰
無仮説は棄却され, 円・ドル為替レートの平均は, 132 円より高い (円安
である) といえる.

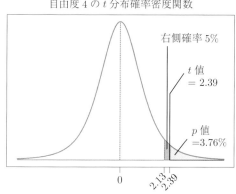

図 6.6 例 6.4 : 母平均の片側 t 検定

▷ **問 6.4** 例 6.4 を Excel で確かめなさい.

6.2.2　母分散に対する仮説検定

$X_1, \cdots, X_n$ を標本として，母分散の値が σ_0^2 であるかどうかの検定，すなわち帰無仮説を

$$H_0 : 母分散 \sigma^2 = \sigma_0^2$$

とする検定について説明する．

この検定は，公式 5.1（標本分散の χ^2 統計量）より，標本分散を

$$S^2 = \frac{(X_1 - \bar{X})^2 + \cdots + (X_n - \bar{X})^2}{n - 1}$$

として，

$$\frac{(n-1) \times 標本分散}{\sigma_0^2} = \frac{(n-1)S^2}{\sigma_0^2} \tag{6.2}$$

が，帰無仮説の下で自由度 $n-1$ の χ^2 分布に従うことを用いて行われる．有意水準を 5% とした場合，仮説検定は次のとおりになる．

仮説検定の手順 4 （母分散の仮説検定）

1. 対立仮説を $H_1 : \sigma^2 \neq \sigma_0^2$ とする両側検定の場合

$$a = 自由度 n-1 の \chi^2 分布の左側 2.5\% 点,$$
$$b = 自由度 n-1 の \chi^2 分布の右側 2.5\% 点$$

として，

$$a < \frac{(n-1) \times 標本分散}{\sigma_0^2} < b$$

のとき帰無仮説 H_0 を棄却せず，それ以外は棄却する．

2. 対立仮説を $H_1 : \sigma^2 > \sigma_0^2$ とする右側片側検定の場合

$$c = 自由度 n-1 の \chi^2 分布の右側 5\% 点$$

として，

$$c < \frac{(n-1) \times 標本分散}{\sigma_0^2}$$

のとき帰無仮説 H_0 を棄却し，それ以外は棄却しない．

3. 対立仮説を $H_1 : \sigma^2 < \sigma_0^2$ とする左側片側検定の場合

$$d = \text{自由度 } n-1 \text{ の } \chi^2 \text{ 分布の左側 } 5\% \text{ 点}$$

として,

$$\frac{(n-1) \times \text{標本分散}}{\sigma_0^2} < d$$

のとき帰無仮説 H_0 を棄却し,それ以外は棄却しない.

以上の検定を母分散についての χ^2 **検定(カイ二乗検定)**という.

例 6.5(母分散の χ^2 検定)　2020 年と 2021 年の日経平均株価の月次収益率は,表 6.1 のとおりであった.2020 年と 2021 年の月次収益率の標本分散を求めると,各々,$52.50\%^2$ と $10.17\%^2$ になる.そこで,2020 年月次収益率の標本分散が母分散に等しいとしたとき,2021 年になって収益率の分散が小さくなったといえるかどうか,χ^2 検定で確かめてみる.

$$\text{帰無仮説 } H_0 : \text{母分散} \sigma^2 = 52.50,$$

$$\text{対立仮説 } H_1 : \text{母分散} \sigma^2 < 52.50$$

として有意水準 5% で仮説検定する.

$$\frac{(n-1) \times \text{標本分散}}{52.50} = \frac{(12-1) \times 10.17}{52.50} = 2.13.$$

表 6.1　2020 年と 2021 年の日経平均株価月次終値と収益率

日付	終値	収益率	日付	終値	収益率
2019/12/1	23656.62		2020/12/1	27444.17	
2020/1/1	23205.18	-1.91%	2021/1/1	27663.39	0.80%
2020/2/1	21142.96	-8.89%	2021/2/1	28966.01	4.71%
2020/3/1	18917.01	-10.53%	2021/3/1	29178.80	0.73%
2020/4/1	20193.69	6.75%	2021/4/1	28812.63	-1.25%
2020/5/1	21877.89	8.34%	2021/5/1	28860.08	0.16%
2020/6/1	22288.14	1.88%	2021/6/1	28791.53	-0.24%
2020/7/1	21710.00	-2.59%	2021/7/1	27283.59	-5.24%
2020/8/1	23139.76	6.59%	2021/8/1	28089.54	2.95%
2020/9/1	23185.12	0.20%	2021/9/1	29452.66	4.85%
2020/10/1	22977.13	-0.90%	2021/10/1	28892.69	-1.90%
2020/11/1	26433.62	15.04%	2021/11/1	27821.76	-3.71%
2020/12/1	27444.17	3.82%	2021/12/1	28791.71	3.49%

出典:yahoo! finance (https://finance.yahoo.com),所収終値から収益率を計算.

一方，自由度 $12 - 1 = 11$ の χ^2 分布の左側 5%点は 4.57. よって，

$$2.13 < 4.57.$$

さらに，χ^2 値の p 値を求めると，0.20%. したがって，帰無仮説は棄却される. すなわち，2021 年月次収益率の分散は小さかったといえる（図 6.7）.

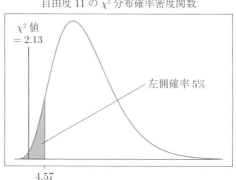

図 6.7 例 6.5：母分散の χ^2 検定

▷ **問 6.5** 例 6.5 を Excel で確かめなさい.

6.2.3 母平均の差の検定

2 つの正規母集団の「母平均に差があるかどうか」の検定について説明する. 正規分布 $N(\mu_1, \sigma_1^2)$ に従う母集団 1 と正規分布 $N(\mu_2, \sigma_2^2)$ に従う母集団 2 から，それぞれ，大きさ m と n の標本 $X_1, \cdots, X_m$ と $Y_1, \cdots, Y_n$ を無作為抽出したとする. 帰無仮説を

$$\text{帰無仮説 } H_0 : \mu_1 = \mu_2$$

とする.

検定方法は，2 つの母集団の分散が等しいかどうかによって異なる.

6.2.3.1 2 つの母集団の母分散が等しく，$\sigma_1^2 = \sigma_2^2 = \sigma^2$ のとき

$$
\begin{aligned}
S_1^2 &= \text{母集団 1 標本分散} \\
&= \frac{(X_1 - \bar{X})^2 + \cdots + (X_m - \bar{X})^2}{m - 1}, \\
S_2^2 &= \text{母集団 2 標本分散} \\
&= \frac{(Y_1 - \bar{Y})^2 + \cdots + (Y_n - \bar{Y})^2}{n - 1}
\end{aligned}
$$

とする．このとき，

$$
\begin{aligned}
S^2 &= \frac{\text{母集団 1 標本分散} \times (m-1) + \text{母集団 2 標本分散} \times (n-1)}{m + n - 2} \\
&= \frac{(m-1)S_1^2 + (n-1)S_2^2}{m + n - 2} \\
&= \frac{(X_1 - \bar{X})^2 + \cdots + (X_m - \bar{X})^2 + (Y_1 - \bar{Y})^2 + \cdots + (Y_n - \bar{Y})^2}{m + n - 2}
\end{aligned}
$$

とすると S^2 は，母分散 σ^2 の不偏分散となる．ここで，正規分布の再生性（公式 4.12）より，帰無仮説の下で，標本平均の差 $\bar{X} - \bar{Y}$ が，

$$
\begin{aligned}
&\text{平均} \quad \mu_1 - \mu_2 = 0, \\
&\text{分散} \quad \frac{\sigma_1^2}{m} + \frac{\sigma_2^2}{n} = \sigma^2 \left(\frac{1}{m} + \frac{1}{n} \right)
\end{aligned}
$$

の正規分布に従っていることに注意すると，公式 5.3（標本平均の t 統計量）と同様にして，次の公式を得る．

公式 6.1（平均の差の t 統計量）

母集団 1 からの標本 $X_1, \cdots, X_m$ と母集団 2 からの標本 $Y_1, \cdots, Y_n$ の各々が独立で同じ正規分布に従っているとする．このとき，

$$
\begin{aligned}
\bar{X} &= \text{母集団 1 標本平均} = \frac{X_1 + \cdots + X_m}{m}, \\
\bar{Y} &= \text{母集団 2 標本平均} = \frac{Y_1 + \cdots + Y_n}{n}, \\
S^2 &= \frac{\text{母集団 1 不偏分散} \times (m-1) + \text{母集団 2 不偏分散} \times (n-1)}{m + n - 2}
\end{aligned}
$$

$$= \frac{(X_1 - \bar{X})^2 + \cdots + (X_m - \bar{X})^2 + (Y_1 - \bar{Y})^2 + \cdots + (Y_n - \bar{Y})^2}{m + n - 2}$$

$$(6.3)$$

として,

$$\frac{(\bar{X} - \bar{Y})}{\sqrt{S^2 \left(\dfrac{1}{m} + \dfrac{1}{n} \right)}}$$

は, **自由度 $m + n - 2$ の t 分布**に従う.

有意水準を 5% とした場合, 仮説検定は次のとおりになる.

仮説検定の手順 5　（平均の差の仮説検定：母分散が等しい場合）

S^2 は式 (6.3) で与えられるものとし,

$$b = \text{自由度 } m + n - 2 \text{ の } t \text{ 分布の右側 2.5% 点},$$

$$c = \text{自由度 } m + n - 2 \text{ の } t \text{ 分布の右側 5% 点}$$

とする.

1. 対立仮説を $H_1 : \mu_1 \neq \mu_2$ とする両側検定の場合

$$-b < \frac{(\bar{X} - \bar{Y})}{\sqrt{S^2 \left(\dfrac{1}{m} + \dfrac{1}{n} \right)}} < b$$

のとき帰無仮説 H_0 を棄却せず, それ以外は棄却する.

2. 対立仮説を $H_1 : \mu_1 > \mu_2$ とする右側片側検定の場合

$$c < \frac{(\bar{X} - \bar{Y})}{\sqrt{S^2 \left(\dfrac{1}{m} + \dfrac{1}{n} \right)}}$$

のとき帰無仮説 H_0 を棄却し, それ以外は棄却しない.

3. 対立仮説を $H_1 : \mu_1 < \mu_2$ とする左側片側検定の場合

$$\frac{(\bar{X} - \bar{Y})}{\sqrt{S^2 \left(\dfrac{1}{m} + \dfrac{1}{n}\right)}} < -c$$

のとき帰無仮説 H_0 を棄却し，それ以外は棄却しない．

例 6.6（母平均の差の検定）　表 6.1 のデータを用いて，2020 年と 2021 年では，日経平均株価の月次収益率の平均に差があるといえるか検定してみる．ただし，ここでは，2020 年と 2021 年で，月次収益率の母分散は同じであるとする．

標本数 $m = n = 12$，2020 年月次収益率平均 $\bar{X} = 1.48\%$，2021 年月次収益率平均 $\bar{Y} = 0.45\%$，2020 年月次収益率標本分散 $S_1^2 = 52.50\%^2$，2021 年月次収益率標本分散 $S_2^2 = 10.17\%^2$．

よって，

$$S^2 = \frac{(m-1)S_1^2 + (n-1)S_2^2}{m + n - 2} = 31.335,$$

$$\text{検定統計量} = \frac{\bar{X} - \bar{Y}}{\sqrt{S^2 \left(\dfrac{1}{m} + \dfrac{1}{n}\right)}} = 0.453.$$

また，自由度 $12 + 12 - 2 = 22$ の t 分布右側 2.5% 点は 2.074，右側 5% 点は 1.717 であるから，帰無仮説 $H_0 : \mu_1 = \mu_2$ は，有意水準 5% で，両側検定，片側検定ともに棄却できない．したがって，収益率の平均に差があるとはいえない（図 6.8）．

▷ **問 6.6**　例 6.6 を Excel で確かめなさい．

6.2.3.2* 2 つの母集団の母分散が等しくない場合

帰無仮説が正しいとすると，

$$\frac{\bar{X} - \bar{Y}}{\sqrt{\dfrac{S_1^2}{m} + \dfrac{S_2^2}{n}}} \tag{6.4}$$

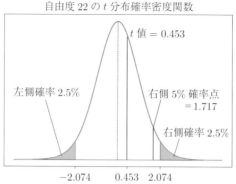

自由度 22 の t 分布確率密度関数

t 値 = 0.453

左側確率 2.5%

右側 5% 確率点 = 1.717

右側確率 2.5%

-2.074　0.453　2.074

図 6.8　例 6.6：母平均の差の検定

は，近似的に自由度が，

$$\nu = \frac{\left(S_1^2/m + S_2^2/n\right)^2}{\left(\dfrac{(S_1^2/m)^2}{m-1} + \dfrac{(S_2^2/n)^2}{n-1}\right)}$$

に最も近い整数 ν^* の t 分布に従うことが知られている[5]．よって，式 (6.4) を検定統計量として検定を行えばよい．この検定は，**ウェルチ (Welche) 検定**とよばれている．

6.2.4　対応のある平均の差の検定

たとえば，ある期間の日次ごとの日経平均株価と S&P500 株価データから，日経平均株価の平均収益率と S&P500 株価の平均収益率に有意な差があるのかどうかを調べたいとする．この場合，標本は，$(X_{11}, X_{12}), \cdots, (X_{n1}, X_{n2})$ というように 2 つ 1 組のものとなる．

前項の母平均の差の検定では，相異なる母集団の平均の差についての検定であったが，ここでは，各組の差そのものを母集団とする．そして，その確率分布は，正規分布に従っているとして，

帰無仮説 H_0：母平均 $\mu = 0$

---

[5] 詳細に興味のある読者は東京大学教養学部統計学教室 (1991) の 12.2.3 項にあたってほしい．

を検定する．この検定は，差をとる 2 つ 1 組からなる標本を用いることから**対応のある平均の差の検定**とよばれている．

ここで，差の標本平均と標本分散を，各々

$$\bar{X} = \frac{(X_{11} - X_{12}) + \cdots + (X_{n1} - X_{n2})}{n},$$

$$S^2 = \frac{(X_{11} - X_{12} - \bar{X})^2 + \cdots + (X_{n1} - X_{n2} - \bar{X})^2}{n-1}$$

とすると，公式 5.3（標本平均の t 統計量）より，帰無仮説の下で

$$\frac{\bar{X}}{\sqrt{\dfrac{S^2}{n}}} = \frac{\text{標本平均}}{\sqrt{\dfrac{\text{標本分散}}{n}}}$$

は自由度 $n-1$ の t 分布に従う．よって，この検定には t 検定を行えばよいということになる．

▌**例 6.7（平均の差の検定）**　次のデータは，2022 年 8 月 1 日〜8 月 5 日の日経平均株価と S&P500 の日次収益率を求めたものである．日経平均と S&P500 では，収益率に差があるのかどうかを平均収益率をもとに検定してみる[6]．

日付	7/29	8/1	8/2	8/3	8/4	8/5
日経平均終値	27,802	27,993	27,595	27,742	27,932	28,176
S&P500 終値	4,130	4,119	4,091	4,155	4,152	4,145
日経平均収益率		0.69%	-1.42%	0.53%	0.69%	0.87%
S&P500 収益率		-0.27%	-0.68%	1.56%	-0.07%	-0.17%
収益率の差		0.96%	-0.74%	-1.03%	0.76%	1.04%

出典：yahoo! finance (https://finance.yahoo.com)，所収終値から収益率を計算．

標本数 $n = 5$，収益率の差の標本平均 $\bar{X} = 0.20\%$，差の標本分散 $S^2 = 0.9979\%^2$．よって，

---

[6] 日経平均と S&P500 とでは，通貨単位（円と米ドル）が異なるので，本来は，どちらかの通貨単位に合わせたうえで収益率を比較する必要があるが，ここでは，それを行っていない．

$$\frac{差の標本平均}{\sqrt{\dfrac{差の標本分散}{n}}} = \frac{0.20}{\sqrt{\dfrac{0.9979}{5}}} = 0.44.$$

一方，自由度 $5-1=4$ の t 分布上側 2.5%点は 2.78，5%点は 2.13 であるから，帰無仮説 $H_0 : \mu = 0$ は，有意水準 5% で，両側検定，右側片側検定ともに棄却できない．すなわち，日経平均と S&P500 の収益率には差があるといえない（図 6.9）．

自由度 4 の t 分布確率密度関数

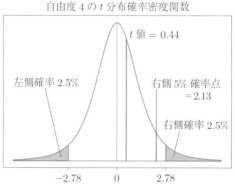

図 6.9　例 6.7：平均の差の検定

▷ **問 6.7**　例 6.7 を Excel で確かめなさい．

Excel 操作法 6.1（平均の差の検定）

Excel には，平均の差に関する検定での p 値を標本データから直接求める T.TEST 関数がある．これを使うには，

=T.TEST(配列 1, 配列 2, 尾部 , 検定種類)

とする．

配列 1 は，標本 $X_1, \cdots, X_m$ の値が入っているセル範囲，配列 2 は，標本 $Y_1, \cdots, Y_n$ の値が入っているセル範囲で，指定できるオプション（数字）は，次のとおり．

尾部＝片側検定の場合に 1, 両側検定の場合に 2 を指定．

> 検定の種類＝対応のある平均の差の検定の場合に 1，2 つの母集団の母分散が等しい場合に 2，ウェルチ検定の場合に 3 を指定．

6.2.5 母分散の比の検定

母分散に対する仮説検定（6.2.2 項）では，「1 つの母集団の母分散がある値と等しいといえるのか」についての仮説検定であったが，ここでは，「異なる 2 つの正規分布に従う母集団の分散が等しいといえるのか」についての検定方法を説明する．

正規分布 $N(\mu_1, \sigma_1^2)$ に従う母集団 1 と正規分布 $N(\mu_2, \sigma_2^2)$ に従う母集団 2 から，それぞれ，大きさ m と n の標本 $X_1, \cdots, X_m$ と $Y_1, \cdots, Y_n$ を無作為抽出したとして帰無仮説を

$$H_0 : 母集団 1 の母分散 \sigma_1^2 = 母集団 2 の母分散 \sigma_2^2$$

とする．帰無仮説が正しいとすると，次の公式が成立する．

公式 6.2 （標本分散比の F 統計量）

標本 $X_1, \cdots, X_m$ と標本 $Y_1, \cdots, Y_n$ を，それぞれ，母集団 1 からの標本，母集団 2 からの標本として，S_1^2 と S_2^2 を，それぞれ，母集団 1 標本分散，母集団 2 標本分散とする．すなわち，

$$\bar{X} = 母集団 1 標本平均 = \frac{X_1 + \cdots + X_m}{m},$$

$$\bar{Y} = 母集団 2 標本平均 = \frac{Y_1 + \cdots + Y_n}{n}$$

として

$$S_1^2 = 母集団 1 標本分散 = \frac{(X_1 - \bar{X})^2 + \cdots + (X_m - \bar{X})^2}{m - 1},$$

$$S_2^2 = 母集団 2 標本分散 = \frac{(Y_1 - \bar{Y})^2 + \cdots + (Y_n - \bar{Y})^2}{n - 1}$$

とする．このとき，帰無仮説が正しいとすると，標本分散の比

$$\frac{S_1^2}{S_2^2} = \frac{\text{母集団 1 標本分散}}{\text{母集団 2 標本分散}} \tag{6.5}$$

は，**自由度** $(m-1, n-1)$ **の** $\boldsymbol{F}$ **分布**に従う．

　ここで，自由度 (m, n) の F 分布とは，次で定義される確率分布である．また，F 分布に従う統計量を $\boldsymbol{F}$ **統計量**といい，その実現値を $\boldsymbol{F}$ **値**という．

定義 6.3（$\boldsymbol{F}$ 分布）

　X と Y を互いに独立で，各々，自由度 m の χ^2 分布と自由度 n の χ^2 分布に従う確率変数とする．このとき，

$$\frac{(X/m)}{(Y/n)}$$

の従う確率分布を**自由度** (m, n) **の** $\boldsymbol{F}$ **分布**という（図 6.10）．

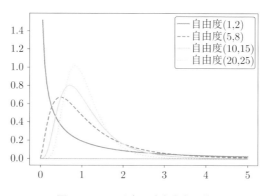

図 6.10　F 分布の確率密度関数

Excel 操作法 6.2（$\boldsymbol{F}$ 分布）

　F 分布の累積分布関数値，確率密度関数値，左側確率点，右側確率点，両側検定 p 値を求めるには各々次の関数を用いる．

累積分布関数値

  =F.DIST(x, 自由度 1, 自由度 2,1)

確率密度関数値

  =F.DIST(x, 自由度 1, 自由度 2,0)

左側確率点

  =F.INV(確率, 自由度 1, 自由度 2)

右側確率点

  =F.INV.RT(確率, 自由度 1, 自由度 2)

両側検定 p 値

  =F.TEST(配列 1, 配列 2)

ただし，配列 1 に標本データ $X_1, \cdots, X_m$，配列 2 に標本データ $Y_1, \cdots, Y_n$ の入ったセル範囲を指定する．

▷ **問 6.8**　Excel 操作法 6.2 を用いて，自由度 $(5,8)$，自由度 $(10,15)$，自由度 $(20,25)$ の F 分布の確率密度関数のグラフを $0 \leq x \leq 4$ の範囲で描きなさい．

▷ **問 6.9***　F 分布の定義（定義 6.3）から，式 (6.5) が自由度 $(m-1, n-1)$ の F 分布となることを示しなさい．

　公式 6.2（標本分散比の F 統計量）より，有意水準を 5% とすると，検定は次のようになる．

仮説検定の手順 6　（母分散比の仮説検定）

1.　対立仮説を $H_1 : \sigma_1^2 \neq \sigma_2^2$ とする両側検定の場合

$$a = 自由度 (m-1, n-1) の F 分布の左側 2.5\%,$$
$$b = 自由度 (m-1, n-1) の F 分布の右側 2.5\%$$

として，

$$a < \frac{母集団 1 標本分散}{母集団 2 標本分散} < b$$

のとき帰無仮説 H_0 を棄却せず，それ以外は棄却する．

2. 対立仮説を $H_1 : \sigma_1^2 > \sigma_2^2$ とする右側片側検定の場合

$$c = 自由度\,(m-1, n-1)\,の\,F\,分布の右側\,5\%$$

として，

$$c < \frac{母集団1標本分散}{母集団2標本分散}$$

のとき帰無仮説 H_0 を棄却し，それ以外は棄却しない．

3. 対立仮説を $H_1 : \sigma_1^2 < \sigma_2^2$ とする左側片側検定の場合

$$d = 自由度\,(m-1, n-1)\,の\,F\,分布の左側\,5\%$$

として，

$$\frac{母集団1標本分散}{母集団2標本分散} < d$$

のとき帰無仮説 H_0 を棄却し，それ以外は棄却しない．

なお，この検定のように，F 統計量を検定統計量として用いる検定を一般に **F 検定**とよんでいる．

例 6.8（母分散の比の検定）　表 6.1 を用いて 2020 年と 2021 年の日経平均収益率の母分散が等しいかどうか，次の仮説検定を母分散比の検定で行ってみる．

帰無仮説 H_0：2021 年収益率分散 σ_2^2 ＝2020 年収益率分散 σ_1^2．
対立仮説 $H_1 : \sigma_2^2 < \sigma_1^2$．

この場合，

$$\begin{aligned}
検定統計量 &= \frac{2021\,年標本分散}{2020\,年標本分散} \\
&= \frac{10.17608}{52.50369} = 0.194.
\end{aligned}$$

一方，自由度 $(11, 11)$ の F 分布の左側 5%確率点は，0.355，検定統計量の p 値は，0.56%．したがって，有意水準 5%，さらには，p 値から有意水準 1%で，帰無仮説は棄却される．すなわち，2020 年と比して 2021 年の収益率分散は小さいといえる（図 6.11）．

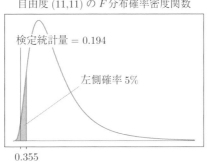

自由度 (11,11) の F 分布確率密度関数

検定統計量 = 0.194

左側確率 5%

0.355

図 6.11　例 6.8：母分散の比の検定

▷ **問 6.10**　例 6.8 を Excel で確かめなさい.

6.3　適合度の検定

コイン投げを 100 回行ったところ，表と裏の出た回数は表 6.2 のとおりで
あったとする. このとき，表の出る確率は，$\frac{1}{2}$ ではないといえるだろうか？

表 6.2　コイン投げ 100 回の観測度数

	表	裏	計
度数	43	57	100

この例のように理論上の確率分布に対して，標本の度数が適合しているの
か否かを検証する検定を**適合度の検定**とよんでいる.

一般に適合度の検定とは，標本が k 種のカテゴリー，あるいは分類項目，
$A_1, \cdots, A_k$ へ分類されるとき，各カテゴリーの理論上の確率が $p_1, \cdots, p_k$ で
あったとして，帰無仮説

$$H_0 : A_1 の確率 = p_1, \cdots, A_k の確率 = p_k$$

を仮説検定することである. 先のコイン投げの例では，カテゴリーは，「表が
出る」と「裏が出る」の 2 項目であり，各カテゴリーの理論上の確率は，各々，
$\frac{1}{2}$ である.

n 個の標本に対して，各カテゴリー $A_1, \cdots, A_k$ に属する標本の観測度数が $f_1, \cdots, f_k$ であったとする．このとき，帰無仮説が正しいとすると，

$$\frac{f_1}{n} \approx p_1, \cdots, \frac{f_k}{n} \approx p_k$$

となるはずである．そこで，この検定では，次の公式に基づいて仮説検定をする．なお，観測度数 $f_1, \cdots, f_n$ に対して，$np_1, \cdots, np_n$ を**理論度数**あるいは**期待度数**とよぶ．

公式 6.3（適合度の検定の χ^2 統計量）

$$\frac{(観測度数 - 理論度数)^2}{理論度数} の合計$$
$$= \frac{(f_1 - np_1)^2}{np_1} + \cdots + \frac{(f_k - np_k)^2}{np_k}$$

は，n が大きいとき，**自由度 $k-1$ の χ^2 分布**に従う．

▷ **問 6.11**[7]*　$k = 2$ として，公式 6.3（適合度の検定の χ^2 統計量）が成立することを示しなさい．

　ヒント　$X_1, \cdots, X_n$ を互いに独立で同一のパラメータ p_1 のベルヌーイ分布 $Be(p_1)$ に従っている確率変数とすると，f_1 と $X_1 + \cdots + X_n$ は，同じ確率分布に従う．中心極限定理を使って，n を限りなく大きくしたとき，$\frac{f_1 - np_1}{\sqrt{np_1}}$ がどの分布に従うのかを考える．

　公式 6.3（適合度の検定の χ^2 統計量）より，有意水準を 5% とすると，公式 6.3 の統計量が，自由度 $k-1$ の χ^2 分布の右側 5% 確率点より大きい値をとった場合に，帰無仮説を棄却する．すなわち，この場合，「理論上の確率は $p_1, \cdots, p_k$ とは異なる」という結論になる．

！**注 6.4**　観測度数と理論度数の差が大きいほど，検定統計量の値は大きくなるので，適合度の検定は必ず右側片側検定となる．

---

[7] 公式 6.3 の証明の仕方は，$k \geq 3$ の場合も，$k = 2$ のときと同様である．

例 6.9（適合度の検定）　表 6.2 の表と裏の観測度数に基づいて，

$$帰無仮説\ H_0 : 表の出る確率 = \frac{1}{2}$$

を有意水準 5% で検定してみる．今の場合，検定量の値は，

$$\frac{(表の出た回数-表の出る理論度数)^2}{表の出る理論度数} + \frac{(裏の出た回数-裏の出る理論度数)^2}{裏の出る理論度数}$$

$$= \frac{(f_1 - np_1)^2}{np_1} + \frac{(f_2 - np_2)^2}{np_2}$$

$$= \frac{(43 - 100/2)^2}{100/2} + \frac{(57 - 100/2)^2}{100/2}$$

$$= 1.96.$$

一方，自由度 $2 - 1 = 1$ の χ^2 分布の右側 5% 確率点は，3.84．したがって，帰無仮説は棄却できない．すなわち，「表の出る確率は，$\frac{1}{2}$ と異なっている」とはいえない（図 6.12）．

自由度 1 の χ^2 分布確率密度関数

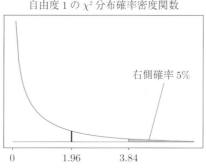

右側確率 5%

0　　1.96　　3.84

図 6.12　例 6.9：適合度の検定

▷ **問 6.12**　例 6.9 を Excel で確かめなさい．

6.4　独立性の検定

たとえば，某大学において男女の学生 200 人を無作為抽出して，データ分

表 6.3　大学生の男女 200 人に対する，授業「データ分析」好意度調査

		データ分析 好き	データ分析 嫌い	計
性別	男性	42	58	100
	女性	29	71	100
	計	71	129	200

析の授業が好きか嫌いかのアンケート調査をした結果，表 6.3 のような結果を得たとする．

　このとき，「性別とデータ分析の授業に対する好き嫌いとには関連がなく各々独立しているのであろうか？」ということを調べたいとする．このようなときに用いられるのが独立性の検定である．

　表 6.3 では，大きさ $n = 200$ の標本の各々について，2 つの属性 A（＝性別）と属性 B（＝好き嫌い）を同時に測定し，属性 A の 2 個のカテゴリー $\{$ 男性, 女性 $\}$ と属性 B の 2 個のカテゴリー $\{$ 好き, 嫌い $\}$ に属する度数を計上している．一般に，表 6.4 のように，r 個のカテゴリー $\{A_1, \cdots, A_r\}$ に分割される属性 A と，c 個のカテゴリー $\{B_1, \cdots, B_c\}$ に分割される属性 B を同時に測定して，各カテゴリーに属する度数を集計した表を**分割表**という．

　表 6.4 の分割表では，f_{ij} はカテゴリー A_i と B_j の両方に属する標本の度数を表している．また，$f_{i \cdot} = f_{i1} + \cdots + f_{ic}$ はカテゴリー A_i に属する標本

表 6.4　分割表：f_{ij} は $\{A_i, B_j\}$ に属する標本の度数

		属性 B B_1	$\cdots$	B_c	計
属性 A	A_1	f_{11}	$\cdots$	f_{1c}	$f_{1 \cdot} = f_{11} + \cdots + f_{1c}$
	$\vdots$	$\vdots$	$\ddots$	$\vdots$	$\vdots$
	A_r	f_{r1}	$\cdots$	f_{rc}	$f_{r \cdot} = f_{r1} + \cdots + f_{rc}$
	計	$f_{\cdot 1} \\ \| \\ f_{11} \\ + \\ \vdots \\ + \\ f_{r1}$	$\cdots$	$f_{\cdot c} \\ \| \\ f_{1c} \\ + \\ \vdots \\ + \\ f_{rc}$	n

の度数, $f_{\cdot j} = f_{1j} + \cdots + f_{rj}$ はカテゴリー B_j に属する標本の度数を表している.

この分割表をもとに属性 A と B が独立であるかの検定をする. この場合, 帰無仮説を

H_0: すべての i, j に対し,

$\quad A_i$ と B_j の両方に属する確率 $= (A_i$ に属する確率$) \times (B_j$ に属する確率$)$

として仮説検定を行う [8].

大数の法則(定理 4.1)から, n を大きくしていくと,

$$\frac{f_{i\cdot}}{n} \to A_i に属する確率$$

$$\frac{f_{\cdot j}}{n} \to B_j に属する確率$$

となる. よって, 帰無仮説が成立しているとすると, n を大きくした場合,

$$n \times \frac{f_{i\cdot}}{n} \frac{f_{\cdot j}}{n}$$

は,

$\quad A_i$ と B_j の両方に属する度数の理論度数(**期待度数**)

$\quad = n \times (A_i$ と B_j の両方に属する確率$)$

に近づくはずである. そこで, この帰無仮説の検定は, 公式 6.3(適合度の検定の χ^2 統計量)と同様に, 次の公式が成立することに基づいて行う.

公式 6.4(独立性の検定の χ^2 統計量)

標本の大きさ n を大きくしていくと,

$$\frac{(観測度数 - 理論度数)^2}{理論度数} の合計$$

---

[8] 事象 A と事象 B について,

$\quad A, B$ が同時に生起する確率 $= (A$ が生起する確率$) \times (B$ が生起する確率$)$

が成り立つとき, **A と B は独立**であるという(定義 4.23(確率変数の独立性)参照).

$$= \frac{(f_{11} - f_1 \cdot f_{\cdot 1}/n)^2}{f_1 \cdot f_{\cdot 1}/n} + \cdots + \frac{(f_{1c} - f_1 \cdot f_{\cdot c}/n)^2}{f_1 \cdot f_{\cdot c}/n}$$

$$\vdots$$

$$+ \frac{(f_{r1} - f_r \cdot f_{\cdot 1}/n)^2}{f_r \cdot f_{\cdot 1}/n} + \cdots + \frac{(f_{rc} - f_r \cdot f_{\cdot c}/n)^2}{f_r \cdot f_{\cdot c}/n} \tag{6.6}$$

は，**自由度** $(r-1) \times (c-1)$ の χ^2 **分布**に従う．

！注 6.5（公式 6.4 の自由度について） 観測度数 f_{ij}, $i = 1, \cdots, r$, $j = 1, \cdots, c$ の個数は，$r \times c$ であるのに対して，

$$f_{i\cdot} = f_{i1} + \cdots + f_{ic}, \quad i = 1, \cdots, r,$$

$$f_{\cdot j} = f_{1j} + \cdots + f_{rj}, \quad j = 1, \cdots, c$$

の制約があるので，自由度が $(r-1) \times (c-1)$ となる（表 6.4）．

！注 6.6 前節で取り上げた適合度の検定と同様に，観測度数と理論度数の差が大きいほど，検定統計量の値は大きくなるので，独立性の検定は必ず右側片側検定となる．

この検定は，有意水準を 5% とすると，公式 6.4 の統計量である式 (6.6) が，自由度 $(r-1) \times (c-1)$ の χ^2 分布の右側 5% 確率点より大きい値をとった場合に，帰無仮説を棄却する．すなわち，「属性 A と属性 B は独立ではない」とする．

例 6.10（独立性の検定） 表 6.3 の分割表に基づいて，

帰無仮説 H_0：性別とデータ分析の授業に対する好き嫌いは独立している

を検定してみる．

この場合，検定量の値は，

$$\frac{(f_{11} - f_1 \cdot f_{\cdot 1}/n)^2}{f_1 \cdot f_{\cdot 1}/n} + \frac{(f_{12} - f_1 \cdot f_{\cdot 2}/n)^2}{f_1 \cdot f_{\cdot 2}/n}$$

$$+ \frac{(f_{21} - f_2 \cdot f_{\cdot 1}/n)^2}{f_2 \cdot f_{\cdot 1}/n} + \frac{(f_{22} - f_2 \cdot f_{\cdot 2}/n)^2}{f_2 \cdot f_{\cdot 2}/n}$$

$$= \frac{(42 - 100 \times 71/200)^2}{100 \times 71/200} + \frac{(58 - 100 \times 129/200)^2}{100 \times 129/200}$$
$$+ \frac{(29 - 100 \times 71/200)^2}{100 \times 71/200} + \frac{(71 - 100 \times 129/200)^2}{100 \times 129/200}$$
$$= 3.69.$$

一方，自由度 $(2-1) \times (2-1) = 1$ の χ^2 分布の右側 5% 確率点は，3.84.
また，検定統計量の p 値は，5.47%. したがって，帰無仮説は棄却できな
い．すなわち，「性別とデータ分析の授業に対する好き嫌いは独立してい
る」といえなくはない（図 6.13）.

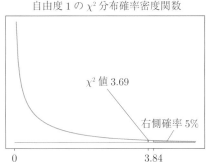

自由度 1 の χ^2 分布確率密度関数

χ^2 値 3.69

右側確率 5%

0　　　　3.84

図 6.13 例 6.10：独立性の検定

Excel 操作法 6.3（χ^2 検定の p 値の計算）

　Excel には適合度の検定と独立性の検定を行うときの右側片側検定での
p 値を求めるために，次の関数が用意されている.

`=CHISQ.TEST(観測度数範囲, 理論度数範囲)`

▷ **問 6.13**　例 6.10 を Excel で確かめなさい.

付録 A

A.1　正規分布とその他の確率分布の関係

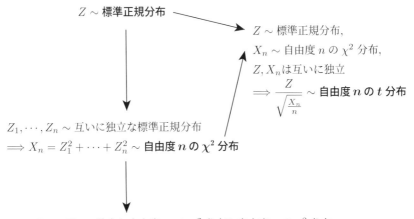

図 **A.1**　確率分布の関係

A.2 問解答例

問 2.6 平均の定義により，$\bar{x} = \dfrac{x_1 + \cdots + x_n}{n}$ であることに注意すると，

$$
\begin{aligned}
\frac{(x_1 - \bar{x}) + \cdots + (x_n - \bar{x})}{n} &= \frac{x_1 + \cdots + x_n - n\bar{x}}{n} \\
&= \frac{x_1 + \cdots + x_n}{n} - \bar{x} \\
&= \bar{x} - \bar{x} = 0.
\end{aligned}
$$

問 2.7

$$
\begin{aligned}
\frac{(x_1 - \bar{x})^2 + \cdots + (x_n - \bar{x})^2}{n} &= \frac{(x_1^2 - 2\bar{x}x_1 + \bar{x}^2) + \cdots + (x_n^2 - 2\bar{x}x_n + \bar{x}^2)}{n} \\
&= \frac{x_1^2 + \cdots + x_n^2}{n} - 2\bar{x}\frac{x_1 + \cdots + x_n}{n} + \bar{x}^2 \\
&= \frac{x_1^2 + \cdots + x_n^2}{n} - 2\bar{x}^2 + \bar{x}^2 \\
&= \frac{x_1^2 + \cdots + x_n^2}{n} - \bar{x}^2.
\end{aligned}
$$

問 2.10

1.
$$
\begin{aligned}
Z \text{ の平均} &= \frac{\dfrac{x_1 - \bar{x}}{S_x} + \cdots + \dfrac{x_n - \bar{x}}{S_x}}{n} \\
&= \frac{x_1 - \bar{x} + \cdots + x_n - \bar{x}}{nS_x} \\
&= \frac{x_1 + \cdots + x_n - n\bar{x}}{nS_x} \\
&= \frac{\dfrac{x_1 + \cdots + x_n}{n} - \bar{x}}{S_x} = \frac{\bar{x} - \bar{x}}{S_x} = 0.
\end{aligned}
$$

$$
\begin{aligned}
Z \text{ の分散} &= \frac{\left(\dfrac{x_1 - \bar{x}}{S_x}\right)^2 + \cdots + \left(\dfrac{x_n - \bar{x}}{S_x}\right)^2}{n} \\
&= \frac{(x_1 - \bar{x})^2 + \cdots + (x_n - \bar{x})^2}{nS_x^2} = \frac{S_x^2}{S_x^2} = 1.
\end{aligned}
$$

2.
$$
X' \text{ の平均} = \frac{z_1 S_x' + \bar{x}' + \cdots + z_n S_x' + \bar{x}'}{n}
$$

$$= \frac{(z_1 + \cdots + z_n)S'_x + n\bar{x}'}{n}$$

$$= \frac{z_1 + \cdots + z_n}{n}S'_x + \bar{x}' = 0 \times S'_x + \bar{x}' = \bar{x}'.$$

$$X' \text{ の分散} = \frac{(z_1 S'_x)^2 + \cdots + (z_n S'_x)^2}{n}$$

$$= \frac{(z_1^2 + \cdots + z_n^2) \times (S'_x)^2}{n} = 1 \times (S'_x)^2 = (S'_x)^2.$$

問 3.1 $(x_i - \bar{x})(y_i - \bar{y}) = x_i y_i - \bar{x} y_i - x_i \bar{y} + \bar{x}\bar{y}$ より,

$$Cov(x, y) = \frac{(x_i - \bar{x})(y_i - \bar{y}) + \cdots + (x_n - \bar{x})(y_n - \bar{y})}{n}$$

$$= \frac{x_1 y_1 + \cdots + x_n y_n}{n} - \bar{x}\frac{y_1 + \cdots + y_n}{n} - \frac{x_1 + \cdots + x_n}{n}\bar{y} + \frac{n\bar{x}\bar{y}}{n}$$

$$= \frac{x_1 y_1 + \cdots + x_n y_n}{n} - \bar{x}\bar{y} - \bar{x}\bar{y} + \bar{x}\bar{y}$$

$$= \frac{x_1 y_1 + \cdots + x_n y_n}{n} - \bar{x}\bar{y}.$$

問 3.2

$$0 \le \frac{\left(\dfrac{x_1 - \bar{x}}{\sigma(x)} \pm \dfrac{y_1 - \bar{y}}{\sigma(y)}\right)^2 + \cdots + \left(\dfrac{x_n - \bar{x}}{\sigma(x)} \pm \dfrac{y_n - \bar{y}}{\sigma(y)}\right)^2}{n}$$

$$= \left(\left(\frac{x_1 - \bar{x}}{\sigma(x)}\right)^2 \pm 2\frac{(x_1 - \bar{x})(y_1 - \bar{y})}{\sigma(x)\sigma(y)} + \left(\frac{y_1 - \bar{y}}{\sigma(y)}\right)^2 + \right.$$

$$\cdots$$

$$\left. + \left(\frac{x_n - \bar{x}}{\sigma(x)}\right)^2 \pm 2\frac{(x_n - \bar{x})(y_n - \bar{y})}{\sigma(x)\sigma(y)} + \left(\frac{y_n - \bar{y}}{\sigma(y)}\right)^2\right)/n$$

$$= \frac{(x_1 - \bar{x})^2 + \cdots + (x_n - \bar{x})^2}{n\sigma(x)^2}$$

$$\pm 2\frac{(x_1 - \bar{x})(y_1 - \bar{y}) + \cdots + (x_n - \bar{x})(y_n - \bar{y})}{n\sigma(x)\sigma(y)}$$

$$+ \frac{(y_1 - \bar{y})^2 + \cdots + (y_n - \bar{y})^2}{n\sigma(y)^2}$$

$$= \frac{\sigma(x)^2}{\sigma(x)^2} \pm 2\frac{Cov(x, y)}{\sigma(x)\sigma(y)} + \frac{\sigma(y)^2}{\sigma(y)^2}$$

$$= 2 \pm 2\rho(x, y). \tag{A.1}$$

上式の辺々を 2 で割ると，$0 \leq 1 \pm \rho(x, y)$．すなわち，$-1 \leq \rho(x, y) \leq 1$ を
得る．

問 3.3 $\rho(X, Y) = \pm 1$ ならば，式 (A.1) より

$$\frac{x_i - \bar{x}}{\sigma(x)} \pm \frac{y_i - \bar{y}}{\sigma(y)} = 0.$$

すなわち，

$$y_i = \mp \frac{\sigma(y)}{\sigma(x)} x_i \pm \left(\frac{\sigma(y)}{\sigma(x)} \bar{x} \pm \bar{y} \right) \quad (複合同順).$$

一方，$y_i = ax_i + b$（a と b は定数）とすると，相関係数の定義より，$\rho(x, y) = \pm 1$
となる．

問 3.6   式 (3.11) より，

$$\begin{aligned}
\frac{\hat{y}_1 + \cdots + \hat{y}_n}{n} &= \frac{(\bar{y} + b(x_1 - \bar{x})) + \cdots + (\bar{y} + b(x_n - \bar{x}))}{n} \\
&= \bar{y} + b \frac{(x_1 - \bar{x}) + \cdots + (x_n - \bar{x})}{n} = \bar{y}.
\end{aligned}$$

この結果を用いると，

$$\begin{aligned}
\frac{e_1 + \cdots + e_n}{n} &= \frac{(y_1 - \hat{y}_1) + \cdots + (y_n - \hat{y}_n)}{n} \\
&= \frac{y_1 + \cdots + y_n}{n} - \frac{\hat{y}_1 + \cdots + \hat{y}_n}{n} \\
&= \bar{y} - \bar{y} = 0.
\end{aligned}$$

問 3.7   残差の定義から，$y_i = e_i + \hat{y}_i$ であるから，

$$y_i - \bar{y} = e_i + \hat{y}_i - \bar{y}$$
$$\therefore \quad (y_i - \bar{y})^2 = e_i^2 + (\hat{y}_i - \bar{y})^2 + 2e_i(\hat{y}_i - \bar{y}).$$

よって，

$$(\hat{y}_1 - \bar{y})e_1 + \cdots + (\hat{y}_n - \bar{y})e_n = 0 \tag{A.2}$$

を示すことができれば，式 (3.13) が成立する．式 (3.11) より，$\hat{y}_i - \bar{y} = b(x_i - \bar{x})$
であるから，

$$\frac{1}{b}\left\{(\hat{y}_1 - \bar{y})e_1 + \cdots + (\hat{y}_n - \bar{y})e_n\right\}$$

$$= (x_1 - \bar{x})e_1 + \cdots + (x_n - \bar{x})e_n$$

$$= (x_1 - \bar{x})(y_1 - \hat{y}_1) + \cdots + (x_n - \bar{x})(y_n - \hat{y}_n)$$

$$= (x_1 - \bar{x})(y_1 - \bar{y} - b(x_1 - \bar{x})) + \cdots + (x_n - \bar{x})(y_n - \bar{y} - b(x_n - \bar{x}))$$

$$= (x_1 - \bar{x})(y_1 - \bar{y}) + \cdots + (x_n - \bar{x})(y_n - \bar{y})$$

$$\quad -b\left((x_1 - \bar{x})^2 + \cdots + (x_n - \bar{x})^2\right)$$

$$= \left((x_1 - \bar{x})^2 + \cdots + (x_n - \bar{x})^2\right)$$

$$\quad \times \left(\frac{(x_1 - \bar{x})(y_1 - \bar{y}) + \cdots + (x_n - \bar{x})(y_n - \bar{y})}{(x_1 - \bar{x})^2 + \cdots + (x_n - \bar{x})^2} - b\right).$$

ここで,

$$\frac{(x_1 - \bar{x})(y_1 - \bar{y}) + \cdots + (x_n - \bar{x})(y_n - \bar{y})}{(x_1 - \bar{x})^2 + \cdots + (x_n - \bar{x})^2} = \frac{(x, y)\text{-共分散}}{x\text{-分散}}$$

に注意すると, 公式 3.2 より, 式 (A.2) が成立する.

問 3.8 式 (3.11) より, $\hat{y}_i - \bar{y} = b(x_i - \bar{x})$ となることから,

$$\frac{(\hat{y}_1 - \bar{y})^2 + \cdots + (\hat{y}_n - \bar{y})^2}{n} = b^2 \frac{(x_1 - \bar{x})^2 + \cdots + (x_n - \bar{x})^2}{n}$$

$$= b^2(x\text{-分散}).$$

ここで, b に公式 3.2 を用いると,

$$\frac{(\hat{y}_1 - \bar{y})^2 + \cdots + (\hat{y}_n - \bar{y})^2}{n} = \left(\frac{(x, y)\text{-共分散}}{x\text{-分散}}\right)^2 (x\text{-分散})$$

$$= \frac{((x, y)\text{-共分散})^2}{x\text{-分散}}$$

$$= \frac{((x, y)\text{-共分散})^2}{(x\text{-分散})(y\text{-分散})}(y\text{-分散})$$

$$= ((x, y)\text{-相関係数})^2 \frac{(y_1 - \bar{y})^2 + \cdots + (y_n - \bar{y})^2}{n}.$$

よって, 上式の最左辺と最右辺に,

$$\frac{n}{(y_1 - \bar{y})^2 + \cdots + (y_n - \bar{y})^2}$$

を掛けると題意を得る.

問 4.1
$$\{X \le a\} \cap \{a < X \le b\} = \emptyset$$

かつ

$$\{X \le a\} \cup \{a < X \le b\} = \{X \le b\}$$

であるから,確率の定義(定義 4.2(2))より,

$$\Pr[X \le a] + \Pr[a < X \le b] = \Pr[X \le b].$$

これより,式 (4.1) が成立する.

問 4.2
$$\mathbb{E}[X] = 1 \times p + 0 \times (1-p) = p.$$

問 4.3 下図色塗りの台形部分の面積が期待値なので,$\mathbb{E}[X] = \dfrac{b+a}{2}$.

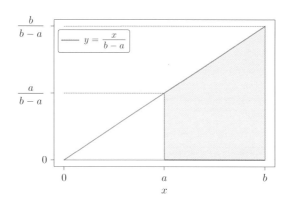

問 4.5 $X \sim \mathrm{Be}(p)$ のとき,$\mathbb{E}[X] = p$ であった(例 4.5).よって,

$$
\begin{aligned}
\mathrm{Var}[X] &= \mathbb{E}[(X - \mathbb{E}[X])^2] \\
&= \mathbb{E}[(X - p)^2] \\
&= (1-p)^2 \times p + (0-p)^2 \times (1-p) \\
&= (1-p)^2 p + p^2(1-p) \\
&= p(1-p) \times \{(1-p) + p\} \quad (\because p(1-p) \text{ で括りだし})
\end{aligned}
$$

$$= p(1 - p).$$

問 4.7

(3) 公式 4.1(1) より $(X+a) - \mathbb{E}[X+a] = X+a - (\mathbb{E}[X]+a) = X - \mathbb{E}[X]$ となることから,

$$\mathrm{Var}[X + a] = \mathrm{Var}[X].$$

(4) 公式 4.1(2) を用いると $(aX) - \mathbb{E}[aX] = aX - a\mathbb{E}[X] = a(X - \mathbb{E}[X])$ となることから, $((aX) - \mathbb{E}[aX])^2 = a^2(X - \mathbb{E}[X])^2$ となり, もう一度, 公式 4.1(2) を用いると, $\mathbb{E}[a^2(X - \mathbb{E}[X])^2] = a^2\mathbb{E}[(X - \mathbb{E}[X])^2]$ となる. 以上により, 次が成立する.

$$\mathrm{Var}[aX] = a^2\mathrm{Var}[X].$$

(5)
$$\mathrm{Var}[X] = \mathbb{E}[(X - \mathbb{E}[X])^2]$$
$$= \mathbb{E}[X^2 - 2\mathbb{E}[X]X + \mathbb{E}[X]^2]$$

ここで, $\mathbb{E}[X]$ が定数であることに注意すると, 公式 4.1(1) と (2) より,

$$\mathbb{E}[X^2 - 2\mathbb{E}[X]X + \mathbb{E}[X]^2] = \mathbb{E}[X^2] - 2\mathbb{E}[X]\mathbb{E}[X] + \mathbb{E}[X]^2$$
$$= \mathbb{E}[X^2] - \mathbb{E}[X]^2.$$

(6) $\mathbb{E}[a] = a$ より, $\mathrm{Var}[a] = 0$. $(X - \mathbb{E}[X])^2 \geq 0$ なので, $\mathrm{Var}[X] = 0$ となるのは, $(X - \mathbb{E}[X])^2 = 0$ の場合に限られる. よって, $X = \mathbb{E}[X]$, かつ $\mathbb{E}[X]$ は定数である.

問 4.10　いま,

$$\mathbb{E}[a_1X_1 + \cdots + a_{n-1}X_{n-1}] = a_1\mathbb{E}[X_1] + \cdots + a_{n-1}\mathbb{E}[X_{n-1}] \quad (A.3)$$

が成立しているとする. ここで,

$$Z = a_1X_1 + \cdots + a_{n-1}X_{n-1}$$

とおくと, 期待値の線形性 (公式 4.4) より,

$$\mathbb{E}[Z + a_nX_n] = \mathbb{E}[Z] + a_n\mathbb{E}[X_n].$$

仮定により，式 (A.3) が成立していることから，数学的帰納法により，公式 4.5 が成立する．

問 4.11

$$\mathbb{E}\left[\frac{X_1 + \cdots + X_n}{n}\right] = \frac{1}{n} \times n\mathbb{E}[X_i] = \mathbb{E}[X_i] = 3.5.$$

問 4.12　ポートフォリオ期待収益率

$$= 0.5 \times \text{A 証券期待収益率} + 0.5 \times \text{B 証券期待収益率}$$
$$= 0.5 \times 10 + 0.5 \times 14 = 12(\%)$$

問 4.13

(1)
$$0 \le \frac{1}{2}\mathbb{E}\left[\left(\frac{X - \mathbb{E}[X]}{\sigma[X]} \pm \frac{Y - \mathbb{E}[Y]}{\sigma[Y]}\right)^2\right]$$
$$= \frac{1}{2}\mathbb{E}\left[\frac{(X - \mathbb{E}[X])^2}{\sigma[X]^2} \pm 2\frac{(X - \mathbb{E}[X])(Y - \mathbb{E}[Y])}{\sigma[X]\sigma[Y]} + \frac{(Y - \mathbb{E}[Y])^2}{\sigma[Y]^2}\right]$$
$$= 1 \pm \rho[X, Y].$$

ただし，複号同順かつ最後の等式には多変量の期待値の線形性（公式 4.5）と分散，共分散，相関係数の定義を用いた．

(2) 上の不等式で等号が成立するとき，すなわち，$\rho[X, Y] = \mp 1$ ならば，

$$\frac{X - \mathbb{E}[X]}{\sigma[X]} \pm \frac{Y - \mathbb{E}[Y]}{\sigma[Y]} = 0.$$

すなわち，

$$Y = \mp\frac{\sigma[Y]}{\sigma[X]}X \pm \left(\frac{\sigma[Y]}{\sigma[X]}\mathbb{E}[X] \pm \mathbb{E}[Y]\right).$$

逆に，$Y = aX + b$ のときに $\rho[X, Y] = \pm 1$ となることは，相関係数の定義より容易に確かめられる．

問 4.14　分散の定義から，

$$\mathrm{Var}[aX + bY] = \mathbb{E}\left[(aX + bY - \mathbb{E}[aX + bY])^2\right].$$

ここで，公式 4.4（期待値の線形性）より，

$$\mathbb{E}[aX + bY] = a\mathbb{E}[X] + b\mathbb{E}[Y]$$

となることに注意すると，

$$
\begin{aligned}
\mathrm{Var}[aX + bY] &= \mathbb{E}\left[(aX + bY - (a\mathbb{E}[X] + b\mathbb{E}[Y]))^2\right] \\
&= \mathbb{E}\left[(a(X - \mathbb{E}[X]) + b(Y - \mathbb{E}[Y]))^2\right] \\
&= \mathbb{E}\left[a^2(X - \mathbb{E}[X])^2 + b^2(Y - \mathbb{E}[Y])^2 \right. \\
&\qquad \left. +2ab(X - \mathbb{E}[X])(Y - \mathbb{E}[Y])\right].
\end{aligned}
$$

ここで，公式 4.5（多変量の期待値の線形性）を用いると，

$$
\begin{aligned}
&\mathbb{E}\left[a^2(X - \mathbb{E}[X])^2 + b^2(Y - \mathbb{E}[Y])^2 \right. \\
&\qquad \left. +2ab(X - \mathbb{E}[X])(Y - \mathbb{E}[Y])\right] \\
&= a^2\mathbb{E}\left[(X - \mathbb{E}[X])^2\right] + b^2\mathbb{E}\left[(Y - \mathbb{E}[Y])^2\right] \\
&\qquad +2ab\mathbb{E}\left[(X - \mathbb{E}[X])(Y - \mathbb{E}[Y])\right].
\end{aligned}
$$

よって，分散と共分散の定義により，公式が成立する．

問 4.16

(1)
$$
\begin{aligned}
Cov[X, Y] &= \mathbb{E}[(X - \mathbb{E}[X])(Y - \mathbb{E}[Y])] \\
&= \mathbb{E}[(XY - X\mathbb{E}[Y] - Y\mathbb{E}[X] + \mathbb{E}[X]\mathbb{E}[Y]] \\
&= \mathbb{E}[XY] - \mathbb{E}[X]\mathbb{E}[Y] - \mathbb{E}[X]\mathbb{E}[Y] + \mathbb{E}[X]\mathbb{E}[Y] \\
&\qquad (\because 多変量の期待値の線形性（公式 4.5）) \\
&= \mathbb{E}[XY] - \mathbb{E}[X]\mathbb{E}[Y].
\end{aligned}
$$

(2)
$$Cov[X, c] = \mathbb{E}[(X - \mathbb{E}[X])(c - \mathbb{E}[c])] = \mathbb{E}[0] = 0.$$

(3)
$$
\begin{aligned}
&Cov[aW + bX, cY + dZ] \\
&= \mathbb{E}[(aW + bX - \mathbb{E}[aW + bX])(cY + dZ - \mathbb{E}[cY + dZ])]
\end{aligned}
$$

$$= \mathbb{E}[(a(W - \mathbb{E}[W]) + b(X - \mathbb{E}[X]))(c(Y - \mathbb{E}[Y]) + d(Z - \mathbb{E}[Z]))]$$

$$= \mathbb{E}[ac(W - \mathbb{E}[W])(Y - \mathbb{E}[Y]) + bc(X - \mathbb{E}[X])(Y - \mathbb{E}[Y])$$
$$+ ad(W - \mathbb{E}[W])(Z - \mathbb{E}[Z]) + bd(X - \mathbb{E}[X])(Z - \mathbb{E}[Z])]$$

$$= ac\mathbb{E}[(W - \mathbb{E}[W])(Y - \mathbb{E}[Y])] + bc\mathbb{E}[(X - \mathbb{E}[X])(Y - \mathbb{E}[Y])]$$
$$+ ad\mathbb{E}[(W - \mathbb{E}[W])(Z - \mathbb{E}[Z])] + bd\mathbb{E}[(X - \mathbb{E}[X])(Z - \mathbb{E}[Z])]$$
$$(\because \text{多変量の期待値の線形性（公式 4.5）})$$

$$= acCov[W, Y] + bcCov[X, Y] + adCov[W, Z] + bdCov[X, Z].$$

問 4.17[1)]　(X, Y) 共分散は，その定義（定義 4.20）より，

$$\Big[(X \text{ 実現値} - X \text{ 期待値})(Y \text{ 実現値} - Y \text{ 期待値})$$
$$\times (X, Y) \text{ 同時確率} \Big] \text{ の総和}$$

であるから，

$$Cov[(X, Y)] = (x_1 - \mathbb{E}[X])(\underline{y_1} - \mathbb{E}[Y])\Pr[X = x_1, Y = \underline{y_1}]$$
$$+ (x_1 - \mathbb{E}[X])(\underline{y_2} - \mathbb{E}[Y])\Pr[X = x_1, Y = \underline{y_2}]$$
$$\vdots$$
$$+ (x_2 - \mathbb{E}[X])(\underline{y_1} - \mathbb{E}[Y])\Pr[X = x_2, Y = \underline{y_1}]$$
$$+ (x_2 - \mathbb{E}[X])(\underline{y_2} - \mathbb{E}[Y])\Pr[X = x_2, Y = \underline{y_2}]$$
$$\vdots$$

ここで，(X, Y) が独立ならば，その定義（定義 4.23）より

$$\Pr[X = x_i, Y = \underline{y_j}] = \Pr[X = x_i] \times \Pr[Y = \underline{y_j}],$$
$$i, j = 1, 2, \cdots$$

であることから，

$$(x_i - \mathbb{E}[X])(\underline{y_1} - \mathbb{E}[Y])\Pr[X = x_i, Y = \underline{y_1}]$$

[1)] 下線は強調を表す.

$$+ (x_i - \mathbb{E}[X])(\underline{y_2} - \mathbb{E}[Y])\Pr[X = x_i, Y = \underline{y_2}]$$

$$\vdots$$

$$= (x_i - \mathbb{E}[X])\Pr[X = x_i](\underline{y_1} - \mathbb{E}[Y])\Pr[Y = \underline{y_1}]$$

$$+ (x_i - \mathbb{E}[X])\Pr[X = x_i](\underline{y_2} - \mathbb{E}[Y])\Pr[Y = \underline{y_2}]$$

$$\vdots$$

$$= (x_i - \mathbb{E}[X])\Pr[X = x_i]\Big[(\underline{y_1} - \mathbb{E}[Y])\Pr[Y = \underline{y_1}]$$

$$+ (\underline{y_2} - \mathbb{E}[Y])\Pr[Y = \underline{y_2}] + \cdots$$

$$(\because (x_i - \mathbb{E}[X]) \text{ で括りだし})$$

$$= (x_i - \mathbb{E}[X])\Pr[X = x_i]$$

$$\times \left[\Big((Y \text{ 実現値} - \mathbb{E}[Y]) \times \Pr[Y = \text{実現値}]\Big) \text{ の総和} \right]$$

となるが，期待値の定義（定義 4.10）により，

$$\left[\Big((Y \text{ 実現値} - \mathbb{E}[Y]) \times \Pr[Y = \text{実現値}]\Big) \text{ の総和} \right] = \mathbb{E}[Y - \mathbb{E}[Y]]$$

であり，期待値 $\mathbb{E}[Y]$ は定数なので，期待値の公式 (公式 4.1(1)) より，

$$\mathbb{E}[Y - \mathbb{E}[Y]] = \mathbb{E}[Y] - \mathbb{E}[Y] = 0$$

となるから，結局，X と Y が独立ならば，$Cov[X, Y] = 0$ となる.

問 4.18 いま，

$$\mathrm{Var}[a_1 X_1 + \cdots + a_{n-1} X_{n-1}] = a_1^2 \mathrm{Var}[X_1] + \cdots + a_{n-1}^2 \mathrm{Var}[X_{n-1}] \quad (A.4)$$

が成立しているとする．ここで，

$$Z = a_1 X_1 + \cdots + a_{n-1} X_{n-1}$$

とおくと，独立な 2 変量確率変数の分散公式（公式 4.10）より，

$$\mathrm{Var}[Z + a_n X_n] = \mathrm{Var}[Z] + a_n^2 \mathrm{Var}[X_n].$$

ここで，仮定により，式 (A.4) が成立していることから，数学的帰納法により，公式 4.11 が成立する.

問 4.19[2)]

$$\mathrm{Var}\left[\frac{X_1 + \cdots + X_{10}}{10}\right] = 10 \times \frac{1}{10^2}\mathrm{Var}[X_i] = \frac{\mathrm{Var}[X_i]}{10} = 0.292.$$

問 5.1　母分散を σ^2 としたとき，$n = 2$ として，

$$\mathbb{E}\left[\frac{(X_1 - \bar{X})^2 + \cdots + (X_n - \bar{X})^2}{n - 1}\right] = \sigma^2$$

となることを示す. ここでは，$n = 2$ の場合について証明するが，n が 3 以上の場合も，証明の方法はまったく同じである.

$$\begin{aligned}
&\mathbb{E}\left[(X_1 - \bar{X})^2 + (X_2 - \bar{X})^2\right]\\
&= \mathbb{E}\left[\left(X_1 - \mu - (\bar{X} - \mu)\right)^2 + \left(X_2 - \mu - (\bar{X} - \mu)\right)^2\right]\\
&= \mathbb{E}\left[(X_1 - \mu)^2 - 2(X_1 - \mu)(\bar{X} - \mu) + (\bar{X} - \mu)^2\right.\\
&\qquad \left. + (X_2 - \mu)^2 - 2(X_2 - \mu)(\bar{X} - \mu) + (\bar{X} - \mu)^2\right]\\
&= \mathbb{E}\left[(X_1 - \mu)^2 + (X_2 - \mu)^2\right.\\
&\qquad \left. - 2(X_1 + X_2 - 2\mu)(\bar{X} - \mu) + 2(\bar{X} - \mu)^2\right]\\
&= \mathbb{E}\left[(X_1 - \mu)^2 + (X_2 - \mu)^2\right.\\
&\qquad \left. - 2 \times 2\left(\frac{X_1 + X_2}{2} - \mu\right)(\bar{X} - \mu) + 2(\bar{X} - \mu)^2\right]\\
&= \mathbb{E}\left[(X_1 - \mu)^2 + (X_2 - \mu)^2\right.\\
&\qquad \left. - 2 \times 2(\bar{X} - \mu)(\bar{X} - \mu) + 2(\bar{X} - \mu)^2\right]\\
&= \mathbb{E}\left[(X_1 - \mu)^2 + (X_2 - \mu)^2 - 2(\bar{X} - \mu)^2\right]\\
&= \mathbb{E}[(X_1 - \mu)^2] + \mathbb{E}[(X_2 - \mu)^2] - 2\mathbb{E}[(\bar{X} - \mu)^2]\\
&\qquad (\because \text{多変量の期待値の線形性（公式 4.5)})
\end{aligned}$$

―――――――――――
[2)]本書サポート・ページ (https://github.com/Hideki-Iwaki/IntroductiontoData Analysis/tree/main/Sol) に Excel による解答もある.

$$= \text{Var}[X_1] + \text{Var}[X_2] - 2\text{Var}[\bar{X}]$$

$$= \sigma^2 + \sigma^2 - 2\frac{\sigma^2}{2}$$

$$(\because \text{最後の項には注 } 4.11 \text{ の結果を用いた.})$$

$$= (2-1)\sigma^2$$

ここで，両辺を $n-1 = 2-1$ で割れば，題意を得る.

問 5.3 式 (5.3) と Z 統計量の定義である式 (5.2) より，

$$-1.96 \leq Z \text{統計量} \leq 1.96$$

$$\Longleftrightarrow \quad -1.96 \leq \frac{\text{標本平均} - \text{母平均}}{\sqrt{\dfrac{\text{母分散}}{n}}} \leq 1.96$$

辺々に $\sqrt{\dfrac{\text{母分散}}{n}}$ を掛けて

$$\Longleftrightarrow \quad -1.96\sqrt{\frac{\text{母分散}}{n}} \leq \text{標本平均} - \text{母平均} \leq 1.96\sqrt{\frac{\text{母分散}}{n}}$$

辺々から標本平均を引いて

$$\Longleftrightarrow \quad -\text{標本平均} - 1.96\sqrt{\frac{\text{母分散}}{n}} \leq -\text{母平均} \leq -\text{標本平均} + 1.96\sqrt{\frac{\text{母分散}}{n}}$$

辺々に -1 を掛けて

$$\Longleftrightarrow \quad \text{標本平均} + 1.96\sqrt{\frac{\text{母分散}}{n}} \geq \text{母平均} \geq \text{標本平均} - 1.96\sqrt{\frac{\text{母分散}}{n}}$$

$$\Longleftrightarrow \quad \text{標本平均} - 1.96\sqrt{\frac{\text{母分散}}{n}} \leq \text{母平均} \leq \text{標本平均} + 1.96\sqrt{\frac{\text{母分散}}{n}}.$$

問 5.5
$$\frac{(X_1 - \bar{X})^2 + (X_2 - \bar{X})^2}{\sigma^2} = \left(\frac{X_1 - \bar{X}}{\sigma}\right)^2 + \left(\frac{X_2 - \bar{X}}{\sigma}\right)^2$$

$$= \left(\frac{X_1 - \frac{X_1 + X_2}{2}}{\sigma}\right)^2 + \left(\frac{X_2 - \frac{X_1 + X_2}{2}}{\sigma}\right)^2$$

$$= \left(\frac{X_1 - X_2}{2\sigma}\right)^2 + \left(\frac{X_2 - X_1}{2\sigma}\right)^2$$

$$= 2\left(\frac{X_1 - X_2}{2\sigma}\right)^2 = \left(\frac{X_1 - X_2}{\sqrt{2}\sigma}\right)^2.$$

ここで，X_1 と X_2 が独立で，分散が σ^2 の正規分布に従っていたことに注意すると，正規分布の再生性（公式 4.12）と標準化から，$\dfrac{X_1 - X_2}{\sqrt{2}\sigma}$ は，標準正規分布に従っていることがわかる．したがって，定義 5.12 により，題意が成立する．

問 5.7

$$a \leq \chi_{n-1}^2 \leq b$$
$$\iff a \leq \frac{\text{標本偏差の二乗和}}{\text{母分散}} \leq b$$
$$\iff \frac{1}{a} \geq \frac{\text{母分散}}{\text{標本偏差の二乗和}} \geq \frac{1}{b}$$
$$\iff \frac{\text{標本偏差の二乗和}}{a} \geq \text{母分散} \geq \frac{\text{標本偏差の二乗和}}{b}$$
$$\iff \frac{\text{標本偏差の二乗和}}{b} \leq \text{母分散} \leq \frac{\text{標本偏差の二乗和}}{a}.$$

問 5.9　σ^2 を母分散とすると，式 (5.2)，すなわち，$\dfrac{\bar{X} - \mu}{\sqrt{\dfrac{\sigma^2}{n}}}$ は標準正規分布に従い，公式 5.1（標本分散の χ^2 統計量）より，$\dfrac{(n-1)S^2}{\sigma^2}$ は，自由度 $n-1$ の χ^2 分布に従っていた．よって，

$$\frac{(\bar{X} - \mu)/\sqrt{\sigma^2/n}}{\sqrt{((n-1)S^2/\sigma^2)/(n-1)}} = \frac{(\bar{X} - \mu)/\sqrt{1/n}}{\sqrt{S^2}} = \frac{(\bar{X} - \mu)}{\sqrt{S^2/n}}$$

は自由度 $n-1$ の t 分布に従う．

問 6.9　公式 5.1（標本分散の χ^2 統計量）より，$\dfrac{(m-1)S_1^2}{\sigma_1^2}$ と $\dfrac{(n-1)S_2^2}{\sigma_2^2}$ は，それぞれ，自由度 $m-1$ と自由度 $n-1$ の χ^2 分布に従っている．よって，F 分布の定義より $\dfrac{S_1^2/\sigma_1^2}{S_2^2/\sigma_2^2}$ は，自由度 $(m-1, n-1)$ の F 分布に従っている．さらに，帰無仮説が正しいとすると，$\sigma_1^2 = \sigma_2^2$ なので題意が成立する．

問 6.11　$k = 2$ のとき，$p_2 = 1 - p_1$，$f_2 = n - f_1$ であるから，次式が成立する．

$$\frac{(f_1 - np_1)^2}{np_1} + \frac{(f_2 - np_2)^2}{np_2}$$
$$= \frac{(f_1 - np_1)^2}{np_1} + \frac{(n - f_1 - n + np_1)^2}{n(1 - p_1)}$$

$$= \frac{(f_1 - np_1)^2}{np_1(1 - p_1)}$$

$$= \left(\frac{f_1 - np_1}{\sqrt{np_1(1 - p_1)}} \right)^2. \tag{A.5}$$

ここで，$X_1, \cdots, X_n$ を互いに独立で同一のベルヌーイ分布 $\mathrm{Be}(p_1)$ に従う確率変数とする．すなわち，

$$X_i = \begin{cases} 1 & 確率\ p_1, \\ 0 & 確率\ 1 - p_1 \end{cases}$$

という確率変数とする．すると，f_1 と $X_1 + \cdots + X_n$ の従う確率分布は等しいことに注意する．したがって，f_1 の期待値 $\mathbb{E}[f_1]$ と分散 $\mathrm{Var}[f_1]$ は，各々次式で与えられる．

$$\mathbb{E}[f_1] = \mathbb{E}[X_1 + \cdots + X_n] = n\mathbb{E}[X_1] = np_1,$$

$$\mathrm{Var}[f_1] = \mathrm{Var}[X_1 + \cdots + X_n] = n\mathrm{Var}[X_1] = np_1(1 - p_1).$$

よって，中心極限定理から，$\dfrac{f_1 - np_1}{\sqrt{np_1(1 - p_1)}}$ は，n を大きくすると，次第に標準正規分布に従うようになる．したがって，χ^2 分布の定義より，式 (A.5) は，n を大きくすると，自由度 $k - 1 = 1$ の χ^2 分布に従うようになる．

参考文献

1) 岩城秀樹「確率解析とファイナンス」共立出版（2008 年）
2) 岩城秀樹「Maxima で学ぶ経済・ファイナンス基礎数学」共立出版（2012 年）
3) 大屋幸輔「コア・テキスト統計学　第 3 版」新世社（2020 年）
4) 倉田博史「[図解] 大学 4 年間の統計学が 10 時間でざっと学べる」KADOKAWA（2019 年）
5) 倉田博史，星野崇宏「入門統計解析」新世社（2009 年）
6) 向後千春，冨永敦子「統計学がわかる」技術評論社（2020 年）
7) 小島寛之「完全独習統計学入門」ダイヤモンド社（2006 年）
8) 竹内啓「数理統計学──データ解析の方法」東洋経済新報社（1963 年）
9) 竹村彰通「現代数理統計学　新装改訂版」学術図書出版社（2020 年）
10) 東京大学教養学部統計学教室 編「統計学入門（基礎統計学 I）」東京大学出版会（1991 年）
11) 森棟公夫「統計学入門　第 2 版」新世社（2000 年）
12) 涌井良幸，涌井貞美「統計学の図鑑」技術評論社（2015 年）

索　引

〈著者紹介〉

岩城 秀樹（いわき ひでき）
1993 年：一橋大学大学院商学研究科博士後期課程経営学及び会計学専攻中退
現 在：東京理科大学経営学部経営学科教授，筑波大学博士（経営工学），京都大学博士（経済学）
専 門：ファイナンス
主 著：「確率解析とファイナンス」共立出版（2008），「Maxima で学ぶ経済・ファイナンス基礎数学」共立出版（2012）

データ分析入門
── Excelで学ぶ統計
Introduction to Data Analysis:
Statistics Using Excel

2023 年 2 月 20 日 初 版 第 1 刷発行

検印廃止
NDC 417, 336.1
ISBN 978-4-320-11486-9

著 者 岩城秀樹 © 2023

発行者 共立出版株式会社/南條光章

東京都文京区小日向 4 丁目 6 番19 号
電話 03(3947)2511（代表）
郵便番号 112-0006
振替口座 00110-2-57035
URL www.kyoritsu-pub.co.jp

印 刷 藤原印刷
製 本 協栄製本

一般社団法人
自然科学書協会
会員

Printed in Japan